物理入門コース[新装版] | 量子力学 I

物理入門コース[新装版]
An Introductory Course of Physics

QUANTUM
MECHANICS I

量子力学 I

原子と量子

中嶋貞雄 著 ｜岩波書店

物理入門コースについて

　理工系の学生諸君にとって物理学は欠くことのできない基礎科目の1つである．諸君が理学系あるいは工学系のどんな専門へ将来進むにしても，その基礎は必ず物理学と深くかかわりあっているからである．専門の学習が忙しくなってからこのことに気づき，改めて物理学を自習しようと思っても，満足のゆく理解はなかなかえられないものである．やはり大学1〜2年のうちに物理学の基本をしっかり身につけておく必要がある．

　その場合，第一に大切なのは，諸君の積極的な学習意欲である．しかしまた，物理学の基本とは何であるか，それをどんな方法で習得すればよいかを諸君に教えてくれる良いガイドが必要なことも明らかである．この「物理入門コース」は，まさにそのようなガイドの役を果すべく企画・編集されたものであって，在来のテキストとはそうとう異なる編集方針がとられている．

　物理学に関する重要な学科目のなかで，力学と電磁気学はすべての土台になるものであるため，多くの大学で早い時期に履修されている．しかし，たとえば流体力学は選択的に学ばれることが多いであろうし，学生諸君が自主的に学ぶのもよいと思われる．また，量子力学や相対性理論も大学2年程度の学力で読むことができるしっかりした参考書が望まれている．

　編者はこのような観点から物理学の基本的な科目をえらんで，「物理入門コ

ース』を編纂した．このコースは『力学』,『解析力学』,『電磁気学 I, II』,『量子力学 I, II』,『熱・統計力学』,『弾性体と流体』,『相対性理論』および『物理のための数学』の 8 科目全 10 巻で構成されている．このすべてが大学の 1, 2 年の教科目に入っているわけではないが，各科目はそれぞれ独立に勉強でき，大学 1 年あるいは 2 年程度の学力で読めるようにかかれている．

　物理学のテキストには多数の公式や事実がならんでいることが多く，学生諸君は期末試験の直前にそれを丸暗記しようとするのが普通ではないだろうか．しかし，これでは物理学の基本を身につけるどころか，むしろ物理嫌いになるのが当然というべきである．このシリーズの読者にとっていちばん大切なことは，公式や事実の暗記ではなくて，ものごとの本筋をとらえる能力の習得であると私たちは考えているのである．

　物理学は，ものごとのもとには少数の基本的な事実があり，それらが従う少数の基本的な法則があるにちがいないと考えて，これを求めてきた．こうして明らかにされた基本的な事実や法則は，ぜひとも諸君に理解してもらう必要がある．このような基礎的な理解のうえに立って，ものごとの本筋を諸君みずからの努力でたぐってゆくのが「物理的に考える」という言葉の意味である．

　物理学にかぎらず科学のどの分野も，ものごとの本筋を求めているにはちがいないけれども，物理学は比較的に早くから発展し，基礎的な部分が煮つめられてきたので，1 つのモデル・ケースと見なすことができる．したがって，「物理的に考える」能力を習得することは，将来物理学を専攻しようとする諸君にとってばかりでなく，他の分野へ進む諸君にとっても大きなプラスになるわけである．

　物理学の基礎的な概念には，時間，空間，力，圧力，熱，温度，光などのように，日常生活で何気なく使っているものが少なくない．日常わかったつもりで使っているこれらの概念にも，物理学は改めてややこしい定義をあたえ基本的な法則との関係をつける．このわずらわしさが，学生諸君を物理嫌いにするもう 1 つの原因であろう．しかし，基本的な事実と法則にもとづいてものごとの本筋をとらえようとするなら，たとえ日常的・感覚的にはわかりきったこと

であっても，いちいちその実験的根拠を明らかにし，基本法則との関係を問い直すことが必要である．まして私たちの日常体験を超えた世界——たとえば原子内部——を扱う場合には，常識や直観と一見矛盾するような新しい概念さえ必要になる．物理学は実験と観測によって私たちの経験的世界をたえず拡大してゆくから，これにあわせてむしろ常識や直観の方を改変することが必要なのである．

　このように，ものごとを「物理的に考える」ことは，けっして安易な作業ではないが，しかし，正しい方法をもってすれば習得が可能なのである．本コースの執筆者の先生方には，とり上げる素材をできるだけしぼり，とり上げた内容はできるだけ入りやすく，わかりやすく叙述するようにお願いした．読者諸君は著者と一緒になってものごとの本筋を追っていただきたい．そのことを通じておのずから「物理的に考える」能力を習得できるはずである．各巻は比較的に小冊子であるが，他の本を参照することなく読めるように書かれていて，

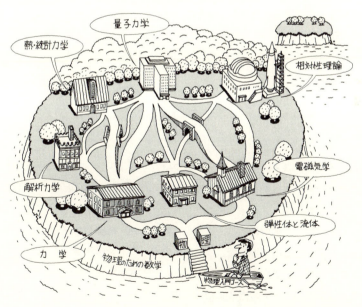

決して単なる物理学のダイジェストではない．ぜひ熟読してほしい．

すでに述べたように，各科目は一応独立に読めるように配慮してあるから，必要に応じてどれから読んでもよい．しかし，一応の道しるべとして，相互関係をイラストの形で示しておく．

絵の手前から奥へ進む太い道は，一応オーソドックスとおもわれる進路を示している．細い道は関連する巻として併読するとよいことを意味する．たとえば，『弾性体と流体』は弾性体力学と流体力学を現代風にまとめた巻であるが，『電磁気学』における場の概念と関連があり，場の古典論として『相対性理論』と対比してみるとよいし，同じ巻の波動を論じた部分は『量子力学』の理解にも役立つ．また，どの巻も数学にふりまわされて物理を見失うことがないように配慮しているが，『物理のための数学』の併読は極めて有益である．

この「物理入門コース」をまとめるにあたって，編者は全巻の原稿を読み，執筆者に種々注文をつけて再三改稿をお願いしたこともある．また，執筆者相互の意見，岩波書店編集部から絶えず示された見解も活用させていただいた．今後は読者諸君の意見もききながらなおいっそう改良を加えていきたい．

1982年8月

編者　戸田盛和
　　　中嶋貞雄

「物理入門コース／演習」シリーズについて

このコースをさらによく理解していただくために，姉妹篇として「演習」シリーズを編集した．

1. 例解　力学演習
2. 例解　電磁気学演習
3. 例解　量子力学演習
4. 例解　熱・統計力学演習
5. 例解　物理数学演習

各巻ともこのコースの内容に沿って書かれており，わかりやすく，使いやすい演習書である．この演習シリーズによって，豊かな実力をつけられることを期待する．(1991年3月)

はじめに

　この『量子力学I, II』は，量子力学をはじめて学ぼうとする諸君のための入門書または参考書である．量子力学の基本をひととおり学習しておきたいと希望する理工系学生を読者に想定して書いた．「物理入門コース」の『力学』と『電磁気学』の学習を一応終了した諸君，あるいは同じ程度の講義を受けたことのある諸君ならば，いちいち他書を参照することなく理解できるとおもう．

　量子力学で扱うのは電子や原子のミクロな運動である．一方，諸君がこれまで学んだ力学や電磁気学は，人工衛星やテレビ電波のようなマクロな世界の物理現象の基本法則として確立されたものであり，そのままではミクロな運動にあてはめることができない．そもそも人間自体がマクロな存在であり，私たちの常識とか直観もマクロな世界に適応するように進化してきたのであって，ミクロな世界に通用するとはかぎらない．ミクロな運動を扱うためには，量子力学という新しい物理法則と，これにふさわしい新しい物理的直観とが必要である．初学者が量子力学を抽象的で難解だと感ずるのはむしろ当然であって，ミクロな現象に親しんで新しい直観を育てる努力が大切である．

　この『量子力学I』も，諸君をなるべく要領よくミクロな世界に誘導し，ミクロな運動を支配している基本法則が量子力学であることを納得してもらう目的で書いた．その素材のかなりの部分は，従来「原子物理学」の名のもとにま

とめられ，量子力学とは別に講義されることの多かったものである．なお，量子力学を学ぶための重要な予備知識とされている「解析力学」についても，固体内の原子振動による比熱や空洞内の電磁振動による比熱を計算するための理論的な道具だてとして，本書に必要な程度の説明を加えた．

他方，『量子力学 II』は，量子力学を具体的な問題に応用しようとする場合に必要な基本法則，基礎概念，計算方法を解説したものである．「物理入門コース」の精神にしたがって，なるべく基本的でしかも汎用性のあるものについて，詳しく述べるように心がけたつもりである．話を非相対論的な量子力学にかぎったのも，そのためである．ただし，場の量子化という概念は，量子力学における粒子像と波動像の等価性を表現するものとして重要であるばかりでなく，最近は多粒子系を扱うための計算方法(第2量子化法)としても盛んに使われるので，説明を加えることにした．

初学者にとっては，量子力学の物理的な内容の理解がいちばん重要であるから，数学的な負担をなるべく軽減するように努めた．確定特異点をもつ微分方程式の解法や特殊関数がほとんど出てこないのは，そのためである．『量子力学 II』で主として使うのは，物理量をあらわす演算子の加え算や掛け算という代数計算であって，数学としては，ふるくから電気工学で使われている演算子算法と同レベルのものといってよい．

以上，『量子力学 I, II』を書くにあたって留意した点をいくつか述べたが，名著，良書の多い量子力学のテキストの中で，本書がいささかなりとその存在を主張できるかどうか，判定は読者にゆだねるほかない．

執筆前も執筆中も，このコースの編者戸田盛和氏および執筆者の先生方から多くの有益なご意見を頂いた．また，片山宏海，大塚一夫両氏をはじめ岩波書店編集部の皆さまにもひとかたならずお世話になった．本書がともかく出版できたのは，これらの方々のご援助のおかげである．心からお礼を申し上げたい．

1983年3月

中 嶋 貞 雄

目次

物理入門コースについて
はじめに

1　原子とエーテル ・・・・・・・・・ 1
1-1　序論・・・・・・・・・・・・・ 2
1-2　真空と気体の圧力・・・・・・・ 4
1-3　原子と分子・・・・・・・・・・ 7
1-4　原子番号と質量数・・・・・・・ 12
1-5　光の粒子論と波動論・・・・・・ 15
1-6　波動方程式・・・・・・・・・・ 19
1-7　真空概念の変革・・・・・・・・ 23

2　荷電粒子の弾道論 ・・・・・・・ 29
2-1　序論・・・・・・・・・・・・・ 30
2-2　電場による運動制御・・・・・・ 31
2-3　磁場による運動制御・・・・・・ 35
2-4　同位体の質量分析・・・・・・・ 40
2-5　素電荷の測定・・・・・・・・・ 42

目次

- 2-6 光る電子 ····· 45
- 2-7 原子発光の振動子モデル ····· 47
- 2-8 磁場によるスペクトルの変化 ····· 51

3 熱運動の古典論 ····· 57
- 3-1 序論 ····· 58
- 3-2 ブラウン運動とボルツマン定数 ····· 59
- 3-3 古典力学の正準形式 ····· 63
- 3-4 古典統計力学の基本公式 ····· 67
- 3-5 マクスウェル分布 ····· 70
- 3-6 気体の比熱と圧力 ····· 75
- 3-7 固体の比熱 ····· 79

4 量子論の誕生 ····· 83
- 4-1 序論 ····· 84
- 4-2 キルヒホッフの法則 ····· 85
- 4-3 固有振動と固有値問題 ····· 89
- 4-4 固有振動の重ねあわせ ····· 93
- 4-5 電磁場の平面波展開 ····· 97
- 4-6 熱放射のエネルギー密度 ····· 100
- 4-7 プランクの放射式 ····· 104
- 4-8 量子論の誕生 ····· 106

5 原子構造と量子論 ····· 111
- 5-1 序論 ····· 112
- 5-2 α線散乱と原子構造 ····· 114
- 5-3 ラザフォード散乱の断面積 ····· 117
- 5-4 ボーアの量子論 ····· 122
- 5-5 光の放出・吸収 ····· 127
- 5-6 電子衝撃 ····· 131

5-7 ゾンマーフェルトの量子化条件・・・・・134
6 粒子・波動の2重性・・・・・・・139
6-1 序論・・・・・・・・・・・・・・140
6-2 結晶によるX線散乱・・・・・・・141
6-3 波動の複素数表示・・・・・・・・148
6-4 コンプトン散乱とX線の粒子性・・・152
6-5 ド・ブローイの物質波・・・・・・156
6-6 幾何光学とニュートン力学・・・・159
6-7 シュレーディンガー方程式の発見・・・163
7 量子力学の確立・・・・・・・・・169
7-1 序論・・・・・・・・・・・・・・170
7-2 電子波の回折・・・・・・・・・・171
7-3 確率振幅としての Ψ・・・・・・175
7-4 不確定性原理・・・・・・・・・・179
7-5 運動量表示の波動関数・・・・・・184
7-6 シュレーディンガー方程式とエネルギー準位・188
7-7 調和振動子のエネルギー準位・・・・193
問題略解・・・・・・・・・・・・・・199
索引・・・・・・・・・・・・・・・・209

目次

> **コーヒー・ブレイク**
> ルクレチウスの宇宙論　*8*
> 加速器の高度技術　*38*
> 熱中性子　*74*
> 宇宙の温度　*88*
> ラザフォードとボーア　*126*
> ド・ブローイと湯川秀樹　*158*
> ハイゼンベルクとアインシュタイン　*182*

量子力学Ⅱ 目次

8 量子力学の基本法則
9 物理量の行列表示
10 軌道角運動量とスピン角運動量
11 摂動論
12 多電子原子
13 分子と固体
14 場の量子化

さらに勉強するために

問題略解

索引

1

原子とエーテル

物理学の学習を宇宙旅行にたとえるなら，量子力学という未知の星に到着した諸君を軟着陸させるためのパラシュートが，この第1章である．

1-1 序論

　原子(atom)はミクロな力学系であって，その大きさはおよそ 10^{-10} m である．したがって，原子物理学ではしばしば 1 Å(オングストローム)＝10^{-10} m を長さの単位にえらぶ．他方，私たちのまわりにあるマクロな物体は，長さの単位として 1 m とか 1 cm がちょうど手頃であるような大きさをもっている．ミクロな立場からマクロな物体を見ると，1 粒の食塩も 10^{20} 個というような途方もなく多数の原子でできた巨大な力学系である．

　原子や**電子**(electron)という言葉は現在では日常語になっているけれども，物理学の対象としてミクロな粒子が本格的に研究されるようになったのは，そう遠い昔のことではない．電子の存在がはっきりしたのは 19 世紀末であり，原子が太陽系に似た構造をもつことは 20 世紀になってから明らかになった．原子の中心にはプラスの電荷をもつ重い**原子核**(atomic nucleus, 単に**核**ともいう)があり，マイナスの電荷をもつ軽い電子が核のまわりを運動している．一見すると，諸君がこれまで学習してきた力学(物理入門コース『力学』)と電磁気学(同『電磁気学』)を使って，太陽系と同じように原子の問題も扱えそうである．

　果してそうだろうか？ 答はノーである．第 5 章で詳しく述べるように，原子が安定に存在するという事実を諸君の知っている力学と電磁気学で説明することはできない．原子や電子にかぎらず一般にミクロな力学系を扱うためには，**量子力学**(quantum mechanics)という新しい力学法則が必要なのである．ニュートン(I. Newton)の力学やマクスウェル(J. C. Maxwell)の電磁気学は，原子物理学が発展する以前にマクロな物理現象の基本法則として確立されたものであり，ごく限られた条件のもとでしかミクロな現象に使えない．現在では**古典論**(classical theory)とよんで**量子論**(quantum theory)と区別する．

　ところで，これまでの量子力学のテキストは，20 世紀はじめに古典論の直面した困難，ミクロな現象を古典論で扱った場合におこる実験事実との救いがたい食い違いから説きおこすのが通例であった．このスタイルは，古典論に精通

した読者に新しい量子論を説いた時代の名残りだとおもわれる．現代の若い学生諸君にとっては，古典論も量子論もおそらく似たような距離にあるのではなかろうか．第6章で詳しく説明するように，古典論の直面した困難の核心にあるものは，ミクロな力学系が普遍的に示す**粒子・波動の2重性**(particle-wave duality)であるが，学生諸君がこの2重性をどれほど痛切な課題として理解できるか，いささか疑問である．

そこで，歴史を見る私たちの視野をおもいきりひろげ，原子物理学の長い前史時代から話をはじめることにしよう．実際，私たち人間は19世紀後半になってとつぜんミクロな世界の存在に気づいたわけではない．英語のアトムの語源は，分割不可能な粒子を意味するギリシャ語のアトモスである．デモクリトスやエピクロスの唱えた古代ギリシャの原子論は，この世に存在するものは無数のアトモスと無限にひろがる空虚な空間——**真空**(vacuum)——だけであると考え，あらゆる現象を真空中のアトモスの運動で説明しようと試みた．

この大胆な理論的仮設は近代科学の形成に陰に陽に大きな影響をあたえたが，それは17世紀以後のことである．中世からルネサンスにわたる長い期間，アリストテレスの思想がローマ教会の公認哲学となり，原子論は無神論として異端視された．

アリストテレスは真空の存在を否定する．物質は空間にすき間なく充満し，天空も**エーテル**という貴い物質でみちていると主張した．17世紀になってデカルト(R. Descartes)やホイヘンス(C. Huygens)が光の波動論を提唱したとき，光波を伝える未知の媒質をアリストテレスにならってエーテルとよんだ．空気の振動が音波として伝わるように，エーテルの振動が光波として伝わるというのである．光は遠い星から地球に届くのであるから，エーテルは宇宙空間にみちていることになる．

この第1章の前半では，古代ギリシャにはじまった原子論の発展について述べ，これに拮抗する流れとして，光の波動論の発展を後半で述べることにしよう．この2つの歴史的な流れの延長線上に量子力学の誕生を位置づけようというのである．

1-2 真空と気体の圧力

 17世紀に復活した原子論の最初の成果は,原子論の基本仮説である真空の存在を実証する目的で行われたトリチェリ(E. Torricelli)の実験である(1644年).長さ約1mのガラス管の一端を閉じて水銀をつめ,水銀溜めに倒立させる.管内の水銀がすこし下がって,上端に真空ができるのである(図1-1).この実験はガラス管内に真空を作ることに成功したばかりでなく,管内に水銀を押し上げている大気圧の存在を明らかにした.水銀柱の高さによって大気圧を定量的に測ることができるようになったのである(気圧計).この方法は大気以外の気体の圧力測定にも応用され,希薄な気体の圧力は体積に逆比例することをまもなくボイル(R. Boyle)が発見した.

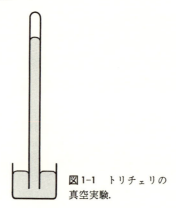

図1-1 トリチェリの真空実験.

 真空度 実験の立場からいうと,力学の場合の完全に滑らかな斜面と同様に,完全な真空も一種の極限概念である.実際に作られる真空にはいくらか残留気体があり,その圧力で真空度をあらわす.この場合の圧力の単位としては 1 mmHg(水銀柱を 1 mm の高さまで押し上げる圧力$\cong 133$ kg·m^{-1}·s^{-2})をえらぶことが多く,トリチェリにちなんでこれを 1 Torr(トル)とよぶ.図1-1のトリチェリの真空も水銀蒸気をふくみ,真空度は室温で 10^{-3} Torr 程度である.現在では,10^{-11} Torr というような超高真空の生成が可能になっている.

ポンプによる排気はトリチェリの時代から利用されていたが，19世紀になると真空ポンプの性能が飛躍的に向上し，原子物理学を急速に発展させる要因となった．ミクロな粒子を物質中からガラス管内の真空にひっぱり出し，よくわかった外力のもとで運動させることによって粒子の質量や電荷を測定するのである．

この方法によって最初に発見された粒子は電子である．電子は**荷電粒子**(charged particle)であって，その電荷を $-e$ と書くと，e はどんな状態で測定しても同じ大きさである．電気量の MKSA 単位であるクーロン[C]であらわすと

$$e = 1.602 \times 10^{-19} \text{ C} \tag{1.1}$$

これは非常に小さな値であるが，電子の質量も

$$m_e = 0.91095 \times 10^{-30} \text{ kg} \tag{1.2}$$

という小さな値である．このために，電磁気的な力を加えることによって真空中の電子の運動を容易に制御することができる(第2章)．

気体の圧力と絶対温度 ニュートン力学が太陽をめぐる惑星の運動の説明に成功してから半世紀後に，ベルヌーイ(D. Bernoulli)はこの力学と原子論をむすびつけ，希薄気体のボイルの法則を導こうとした．気体は高速で運動する多数の粒子の集団であると仮定する．気体をつめた容器の壁には粒子がたえず衝突してはねかえされ，その反作用によって圧力が生ずるとするのである．マクロな物体の性質(気体の圧力)をミクロな粒子の運動によって説明する統計力学の先駆と見ることができる．

実際，希薄気体の圧力 P と気体を構成している粒子の運動エネルギーの間に，ベルヌーイの式とよばれる次の関係が成立する(第3章)．

$$P = \frac{2N}{3V} \left\langle \frac{1}{2} mv^2 \right\rangle \tag{1.3}$$

V は気体の体積，N は気体のふくむ粒子数，m は粒子1個の質量であり，$\langle \cdots \rangle$ は粒子の運動エネルギーの平均値を意味する．つまり，粒子の速さをそれぞれ $v_1, v_2, \cdots, v_N$ とすると

$$\left\langle \frac{1}{2}mv^2 \right\rangle = \frac{1}{N}\sum_{i=1}^{N}\frac{1}{2}mv_i^2 \tag{1.4}$$

(1.3)がボイルの法則であると主張するためには，この運動エネルギーの平均値が気体の温度だけで決まり，体積に無関係であることを証明する必要がある．この証明は，19世紀後半に統計力学が確立されたときはじめて可能になった．ベルヌーイの時代には，温度という概念もまだ十分には確立されていなかったのである．

第3章で示すように，統計力学は

$$\left\langle \frac{1}{2}mv^2 \right\rangle = \frac{3}{2}k_{\mathrm{B}}T \tag{1.5}$$

をあたえる．Tは絶対温度，k_{B}はボルツマン定数とよばれる普遍定数であって，その値はTの単位のえらび方による．(1.5)を(1.3)に代入すると，完全気体の状態方程式とよばれる次の関係がえられる．

$$PV = Nk_{\mathrm{B}}T \tag{1.6}$$

この方程式にもとづいて絶対温度を測定するのが，気体温度計である．水銀温度計が水銀柱の高さで温度を測るのにたいし，体積を一定に保った希薄気体の圧力(または圧力を一定に保った気体の体積)で絶対温度を測る．

ある規準温度T_0をえらび，T_0での気体の圧力P_0を測る．次に任意の物体と接触させ，熱平衡に達したときの圧力Pを測定する．気体の体積を一定に保ってあるとすると，気体の絶対温度は$T=(P/P_0)T_0$であたえられ，これが接触している相手の物体の絶対温度でもある．規準温度のえらび方とこれをあらわすT_0の値のえらび方は任意である．現在使われている温度の単位ケルビン

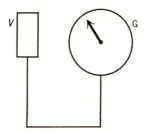

図1-2 気体温度計．

[K]は，規準温度として水の三重点(水と氷と水蒸気の三者が共存できる温度)をえらび，その絶対温度が $T_0 = 273.16$ K であるとして定義されている．いちばん単純な気体温度計は，図1-2のように一定体積 V に希薄気体をつめ，その圧力を圧力ゲージGで読む．ゲージの目盛は，圧力 P でなく，$(P/P_0) \times 273.16$ K にしておけばよい．

温度の単位がケルビンであるときのボルツマン定数の値は

$$k_B = 1.381 \times 10^{-23} \text{ J} \cdot \text{K}^{-1} \tag{1.7}$$

であることが現在ではわかっている．

問　題

1. 体積 $V = 30$ ml のガラス容器の内部が 10^{-8} Torr の真空になっている．温度は $T = 300$ K であるとして，残留気体のふくむ粒子数 N はおよそいくらか？　また，立方根 $(V/N)^{1/3}$ を求め，この長さが何を意味するかを考えよ．

2. 温度 300 K の希薄気体中で粒子のもつ平均運動エネルギーを求めよ．かりに粒子が電子であるとしたら $\langle v^2 \rangle^{1/2}$ はどのくらいのスピードか？

1-3　原子と分子

旧式の4元素説に代る近代的な元素(element)の概念は，ラボアジエ(A. Lavoisier)によって確立された(1798年)．その基礎となったのは，反応物質の質量を天びんを使って精密に測定する定量化学分析の発達である．化学分析によってはもはや分解できない物質が元素である，とラボアジエは定義した．元素が化合するときでも化合物が元素に分解するときでも，成分元素の質量の総和は化合物の質量に等しい．成分元素の質量比は，混合物の場合には連続的に変えられるけれども，化合物では確定している(定比例の法則)．

原子概念の確立　ラボアジエの元素を原子論にむすびつけ，定量的な原子という概念を確立したのはドルトン(J. Dalton)である(1803年)．元素は物理的・化学的性質の同一な原子の集団であり，異なる元素の原子は質量の違いで区別されると考えた．

空気のような混合気体が一様に混合するのは，非常に小さな原子が混ざりあうからだとドルトンは考え，原子が実在することを示す証拠を化学的事実に求めた．その一例として倍数比例の法則を指摘する．たとえば一定質量の炭素を燃焼させる場合，化合物が炭酸ガスであるときと一酸化炭素であるときの消費酸素の質量比は，高い精度で2：1に等しい．この整数比を説明するいちばん簡単な方法は，炭素原子1個と結合する酸素原子の数が2個か1個かの違いだと考えることである．

ルクレチウスの宇宙論

エピクロスの原子論的な宇宙像は，ローマ時代のルクレチウスの詩『物の本質について』(樋口勝彦訳 岩波文庫)によって現代に伝えられている．これを読むと，原子論者たちが原子仮説のおかげで当時のせま苦しい経験的世界から解放され，大胆で新鮮な思想の飛躍を試みていたことがわかる．たとえば，アリストテレスによると地上の物質の素材は土，水，空気，火の4元素であり，元素は乾，湿，冷，暖の4原質の組みあわせである．ルクレチウスはこの4元素説を批判していう――なるほど穀物は土から生えてくる．しかし土と植物のような同一階層の物質の一方を他方の元素と考えるのは間違いだ．水が植物の養分になるのは，両者が共通のアトモスをふくんでいるからなのである．

アリストテレスは，世界が天上界と私たちの住む地上界の2つでできていると考えた．これにたいしてルクレチウスは，無限に広い空間の中で，無数のアトモスが可能なあらゆる運動と結合を試みるのであるから，アトモスが集まって，私たちの大地と同じような丸い大地をほかにもたくさん形成し，そこには同じような山河があるにちがいないと説いている．

1-3 原子と分子

1個の原子の質量を天びんで測ることはできないが,異なる原子の質量比はマクロな物体の質量測定で決定できるとドルトンは主張した.これが**原子量**という概念であって,たとえば,いちばん軽い水素原子の質量を単位にして原子質量を測ろうというのである.

しかし,マクロな質量測定から原子の質量比を知ろうとすれば,物体のふくむ原子数について情報が必要である.ベルセリウス(J. J. Berzelius)は,温度・圧力・体積がそれぞれ等しい気体は同数の原子をふくむ,と仮定して原子量を決めた.この仮定は,(1.6)の N が原子数であり,k_B が気体の種類によらない普遍定数だと考えたことに相当する.もともとドルトンの理論には**分子**(molecule)という概念がなく,気体水素,気体酸素の構成単位はそれぞれ水素原子,酸素原子であり,両者が反応して生ずる水蒸気の構成単位は水素原子2個と酸素原子1個の結合した'原子'だと考えていた.また,諸君の知っているボイル-シャルルの法則を説明するだけならば,(1.6)の k_B は普遍定数である必要はなく,たとえば原子質量に依存していてもよいことに注意しておこう.

分子概念の導入 ベルセリウスの仮定が正しいとすれば,気体水素と気体酸素が反応して水蒸気ができるとき,気体の体積比は 2:1:1 になるはずである(図 1-3).しかしゲイ・リュサック(J. L. Gay-Lussac)の測定した体積比は 2:1:2 であった.

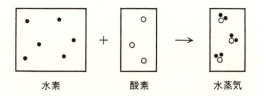

図 1-3 ドルトン-ベルセリウスの理論.

この困難を解決したのはアボガドロ(A. Avogadro)である(1811年).化合物にかぎらず,一般に物質の構成単位は原子が何個か結合した分子であり,等温・等圧・等体積の気体は同数の分子をふくむ,というのがかれの仮説である.(1.6)の N は気体のふくむ分子数であり,k_B は普遍定数だと考えたことになる.

この仮定とゲイ・リュサックの測定した体積比とから，水素分子，酸素分子はそれぞれ水素原子2個，酸素原子2個が結合した2原子分子であり，水分子は3原子分子であるとアボガドロは推論した(図1-4).

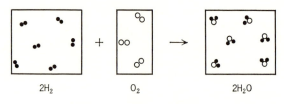

図1-4　アボガドロの理論.

アボガドロの理論は分子量決定の途をひらいた．分子量がうまく決定できるようになると，化学者たちはマクロな物体の質量をモル(mole)という単位で測るようになった．1モルの物質は32グラムの酸素と同数の分子をふくむと定義し，この分子数 N_A をアボガドロ数とよんだ(1-4節で述べるように，現在ではこれとやや異なる定義が採用されている)．

共有結合とイオン結合　実をいうと，アボガドロの提案は長い間無視された．同種の原子が結合して分子を作るという着想が当時は理解しにくかったからである．2個の水素原子を結合させる力は，現在では**共有結合**(covalent bond)とよばれている．いわば原子に'手'があって握手しあうとおもえばよい．'手'の数が**原子価**(valence)である．水素原子は1価で，水素分子は2原子分子より大きくなれない(ただし，同種原子の結合力には別に**金属結合** metallic bond があり，木星内部のような高圧下では水素も金属になる)．4価の炭素原子の場合には，大きな有機分子やダイヤモンド結晶を作る(ゲルマニウムやシリコンの原子もダイヤモンドと同型の結晶を作る)．

共有結合の本質は量子力学によってはじめて解明されるのであるから，アボガドロの着想が理解されなかったのも当然といえよう．当時は，原子がプラスまたはマイナスの電荷をもった**イオン**(ion)になり，電荷の間の引力で結合するという陰陽説，現在**イオン結合**(ionic bond)とよばれている結合にあてはまる考え方が有力だった．その根拠となったのは電気分解の成功で，水が水素と

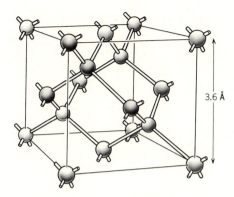

図1-5 ダイヤモンドの結晶構造．球は炭素原子，棒は共有結合を示す．

酸素の化合物であることも，最初は電気分解で実証されたのである．

素電荷の発見 電子の電荷の大きさ(1.1)は，**素電荷**(elementary charge)とよばれる普遍定数である．素電荷が存在することは，電子の発見より以前に，電気分解の基本法則という形でファラデー(M. Faraday)が明らかにした(1834年)．化合物が電気分解される場合，原子は $\pm e$ に原子価を掛けただけの電荷をもつイオンとしてふるまうというのである．もちろん当時は e そのものの値を測定することはできなくて，これにアボガドロ数を掛けた $N_A e$ だけがわかっていた．これを 1 F(ファラデー)とよぶ．

電気分解の研究は，原子が荷電粒子でできた複合系(composite system)であることを強く示唆したけれども，重要な構成要素である電子は化学分析で捕えることができなかった．電子は真空放電という物理的な方法で発見されたのである．ガラス管内に2つの電極を封じこんで高電圧を加え，10^{-3} Torr 程度の真空で放電させる．残留気体のイオンが陰極に衝突してそこから電子線が放出される．はじめはこれを陰極線とよんだ．第2章で述べるように，陰極線の正体がすべての物質に共通な構成員としての電子であることは，トムソン(J. J. Thomson)によって明らかにされた(1899年)．

問　題

1. 1モルの希薄気体にたいして(1.6)を $PV=RT$ と書き，R を**気体定数**という．測定値 $R=8.31$ J・mol^{-1}・K^{-1} とボルツマン定数の値(1.7)とからアボガドロ数の値を求めてみよ．

2. 前題のアボガドロ数の値と(1.1)とから，1Fをクーロンであらわしてみよ．

1-4 原子番号と質量数

　水素原子の原子量を1とすると軽い元素の原子量が整数に近くなることから，原子はみな水素原子の化合物ではないかとプラウト(W. Prout)は考えた(1815年)．原子がもっと基本的な粒子でできた複合系ではないかと疑った最初の例である．もっとも，重い方の元素の原子量は整数からかなりずれることがあとでわかり，化学者はむしろ酸素の原子量を16とする定義を採用するようになった(化学的原子量)．

　周期表　元素を原子量の小さい方から順にならべた一覧表を作ると，よく似た化学的性質が周期的にくり返されることにメンデレエフ(D. I. Mendeleev)が気づいた(1869年)．この周期表上での元素の位置を示す番地が**原子番号** (atomic number)である．

　もっとも，周期性を成立させようとおもうと，いくつか空地を残す必要があった．メンデレエフは空地が未発見元素の存在を示すものと考えてその化学的性質を予言し，のちに対応する元素が発見された．また，原子量と原子番号の大小関係が逆になる場合があった．カリウムとアルゴンの原子量はそれぞれ39.10 と 39.95 であるが，化学的性質から見て原子番号は前者が19番，後者が18番とする必要がある．つまり，化学的性質に関するかぎり，原子番号の方が基本的な量である．

　同位体　古代ギリシャの原子論はアトモスを恒久不変と考えたが，ドルトンの原子は変化しうるものであることが，ベクレル(H. Becquerel)やキュリー

1-4 原子番号と質量数

夫妻(M. & P. Curie)の**放射性**(radioactive)元素の発見によって明らかになった(1896-1898年).ウランやトリウムのような重い原子は不安定であって,α線(実はヘリウムの原子核)やβ線(実は電子)を放出して別種の原子に変化し,安定な原子になるまで**崩壊**(decay)を続ける.

放射性元素の研究は**同位体**(isotope)が存在することを明らかにした.同位体は,化学的性質は同じで周期表上の同一番地に同居するが,放射性や原子量のちがう原子である.最初に発見された同位体は当時イオニウムとよばれていたトリウムの同位体であり(1906年),両者は化学的性質は同じだが放射性が異なる.

放射性同位体が存在することから,非放射性元素にも同位体のあることが予想され,化学者が純粋な物質と信じてきた元素は,実は一般に同位体の混合物であろうと考えられるようになった.ただし,非放射性同位体は化学分析で分離できないし,放射性という目印もないので,原子質量を直接測定してその存在を確かめるほかない(第2章).

原子番号と質量数 現在では,原子の中心にある原子核自身が複合系であり,**陽子**(proton)と**中性子**(neutron)でできていることがわかっている.陽子は素電荷eに等しいプラスの電荷をもち,中性子の電荷は0であるから,Z個の陽子をふくむ原子核の電荷はZeである.ふつう,核のまわりにZ個の電子があって原子の全電荷は0だが,電子を失えば原子は陽イオン(cation)になり,余分の電子を捕えれば陰イオン(anion)になる.いずれにしても,原子の化学的性質は核のまわりの電子によって支配され,**整数Zで特徴づけられる**.Zが原子番号なのである(第5章).

陽子,中性子の質量はそれぞれ

$$m_\mathrm{p} = 1.673 \times 10^{-27}\,\mathrm{kg}, \quad m_\mathrm{n} = 1.675 \times 10^{-27}\,\mathrm{kg} \qquad (1.8)$$

である.両者の質量はほぼ等しく,電子質量の2000倍近いから,原子の質量は原子核の質量にほぼ等しく,後者は核のふくむ陽子数Zと中性子数Nとの和$A=Z+N$にほぼ比例する.Aを**質量数**(mass number)とよぶ.

原子番号Zが同じで質量数Aのちがう原子核(またはこれを核とする原子)

が同位体である．Z に対応する元素記号の左肩に A の値を付記して同位体を区別する．たとえば，水素には3種類の同位体 ^{1}H（陽子または水素原子），^{2}H（重陽子 deuteron または重水素原子 D），^{3}H（3重水素核 triton または3重水素原子 T）がある．

古代ギリシャの原子論は異種のアトモスが幾何学的な形で区別されると考えたが，原子はその原子核の種類，つまり整数 Z と A とによって分類される．化学反応では原子と原子の結合が変わるだけで原子自身に変化はないが，**原子核反応**(nuclear reaction)では核自身が A, Z の値の異なる別種の核に変わってしまう．たとえば，ウランの同位体 ^{235}U に中性子を衝突させ，その核をほぼ真二つに分裂させることができる．そのとき解放されるエネルギーが原子力にほかならない．

原子質量単位とアボガドロ数　化学者が原子量の単位にえらんだ天然酸素も，^{16}O, ^{17}O, ^{18}O をそれぞれ 99.76%, 0.04%, 0.20% の存在比でふくむ．ドルトンが酸素原子の質量と考えたものは，3種の同位体の質量にそれぞれの存在比を掛けて平均した平均質量だったことになる．そこで物理学者は ^{16}O の原子量を16とする物理的原子量を定義し，しばらくの間化学的原子量とならんで2種類の原子量が流通することになった．

1961年以後は，化学者も物理学者も ^{12}C の原子量を12とする統一的定義を採用し，^{12}C の原子質量の 1/12 を**原子質量単位**[amu]とよんでいる．MKS単位であらわすと

$$1 \text{ amu} = 1.661 \times 10^{-27} \text{ kg} \tag{1.9}$$

また，1モルの物質は12グラムの ^{12}C の原子数と同数の分子をふくむと定義し，この分子数

$$N_A = 6.022 \times 10^{23} \tag{1.10}$$

をアボガドロ数と定義することになった．

電磁力と核力　核のまわりを原子が運動しているという原子構造は，第5章で述べるように，ラザフォード(E. Rutherford)の実験とボーア(N. Bohr)の理論によって確立された(1911-1913年)．この場合問題になる主要な力は，核と

電子の間に働く電気的引力および電子の間に働く電気的反発力であり，これにくらべると重力はきわめて弱くて問題にならない．

はじめ核は陽子と電子の複合系と考えられたが，チャドウィック (J. Chadwick) の中性子発見 (1932 年) 以後，陽子と中性子の複合系であることが明らかになった．プラスの電荷をもつ陽子と電荷ゼロの中性子が核を作るのであるから，核内でこれらの粒子を結びつけている力——**核力** (nuclear force) は電気力とはちがう．核のまわりの電子の運動半径はおよそ 10^{-10} m であるのにたいし，核の大きさは 10^{-14} m 以下であり，これを野球のボールにたとえれば原子全体は野球場より広いことになる．この事実から，核力は電気的な力よりはるかに強大であることがわかる．

核力の問題に本格的な理論のメスをはじめて入れたのは湯川秀樹であり (1936 年)，これが**素粒子物理学** (physics of elementary particles) という新しい物理学の分野を生み出した．最近では，陽子や中性子も，分数電荷 $(2/3)e$, $\pm(1/3)e$ をもつ**クォーク** (quark) という粒子 3 個でできた複合系であるとされている．素粒子の構造や相互作用については，物理学はまだ発展途上にある．このテキストでは，電磁力が主役であるようなよくわかっている現象を中心に話を進めよう．

問　題

1. 原子質量単位 (1.9) とアボガドロ数 (1.10) の間にどんな関係があるか？

2. 陽子と電子とが 1 Å の距離をへだてて静止しているとしたとき，両者の間に働く電気的引力の大きさはいくらか？　両者の間に働く重力と比較してみよ．

　（注）　距離 r にある電荷 $\pm e$ の間に働く電気的引力の大きさは $e^2/4\pi\varepsilon_0 r^2$ である．ε_0 は真空の誘電率とよばれる普遍定数で $\varepsilon_0 = 8.854 \times 10^{-12}$ C$^2 \cdot$kg$^{-1} \cdot$m$^{-3} \cdot$s^2. また，陽子と電子の間に働く重力は，万有引力定数を $G = 6.67 \times 10^{-11}$ kg$^{-1} \cdot$m$^3 \cdot$s^{-2} として，$Gm_\mathrm{e}m_\mathrm{p}/r^2$.

1-5　光の粒子論と波動論

話をトリチェリの真空実験にもどそう．この実験には光の本性にかかわる重

要な問題点が1つある．光が真空を透過するという事実である．

光の粒子論　当時，光は粒子だとする説と波動だとする説が対立していた．粒子論は光が高速粒子線だと考えるから，真空中を直進するのは当然ということになる．ニュートンは，色によって光の屈折率がちがうという**分散**(dispersion)現象を発見したとき，光は色という属性をもつ粒子だと考えた．

粒子論で屈折を説明するには，物質中の光の粒子は物質粒子から引力を受け，真空中より低いポテンシャル・エネルギーをもつと考える．ポテンシャルの深さは光の色と物質の種類でちがうが，一様に分布した物質中では一定と仮定する．たとえば，空気中より水中の方がポテンシャルが深いとすると，空気から水に入射するときに光の粒子は境界面に垂直な方向に加速され，平行方向の速度は不変である．したがって図1-6のように屈折がおこり，空気より水の方が屈折率が大きいという事実を説明できる．

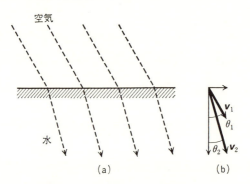

図1-6　(a)光線の屈折，(b)光粒子の速度(v_1：空気中，v_2：水中)．

光の波動論　波動論の根拠となったのは，異なる方向から来た2本の光線が，進路を乱しあうことなく交差するという事実であって，デカルトが光の基本的な性質として指摘している．光がもし粒子であるなら，交差点で衝突がおこり，光の**散乱**(scattering)が観測されるはずである．現代の言葉を使えば，光線が自由に交差するという事実から，波動の特徴である**重ねあわせの原理**(superposition principle)が光にもあてはまると結論したことになる．この原理は(す

くなくとも小振幅の)波動一般にあてはまるものであって,波動を記述する波動方程式が線形であり,2つの解の線形結合(とくに和)がやはり解であることを意味する.

ところで,波動論は光波がエーテルという媒質を伝わると考えた.ガラス容器にベルを封入して真空ポンプで排気すれば,ベルの音は聴えなくなる.音波を伝える空気が抜きとられるからである.しかし,相変わらずベルを外から見ることはできるわけで,エーテルは真空中にみちていることになる.つまり,原子論の基本仮設であった空虚な空間の存在を,光の波動論は事実上否定してしまうのである.

波動論の確立 あとで示すように,波動論によると物質の屈折率はその物質中を光が伝わる速さに逆比例する.空気より水の方が屈折率が大きいという事実を説明するためには,光速度は空気中より水中の方が遅いと仮定する必要がある.この結論は粒子論の場合と正反対であるから,両者の黒白を明らかにするには,空気中と水中の光速度を測定してみればよい.

この実験のむずかしさは,光速度が非常に大きい点にある.真空中(物質粒子のない空間)の値は

$$c = 2.998 \times 10^8 \,\mathrm{m \cdot s^{-1}} \qquad (1.11)$$

である.波動論によれば,これを屈折率で割ったものが物質中の光速度であるが,大きさの程度は(1.11)と変わらない.

実験にはじめて成功したのはフーコー(L. Foucault)である(1859年).図1-7のように,光源から出た光を高速回転する平面鏡Pと固定した凹面鏡Cとで反射させる.光がPC間を往復する間にPがわずかながら回転し,入射光と異

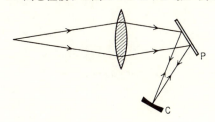

図1-7 フーコーの実験.

なる方向に反射光を送りかえす．光源とその像の位置の差を測定して，PC間を光が往復する速さを求めるのである．フーコーはこの方法によって空気中と水中の光速度を測定し，波動論の予言どおり，後者の方が遅いことを確かめた．これは光の波動論を支持する決定的な実験的証拠である．

電磁波 光波の正体がテレビ電波と同じ電磁波であることは，マクスウェルによって明らかにされた(1864年)．両者の違いは振動数であって，テレビやFMラジオの電波は振動数が 10^8 Hz 付近にあるのにたいし，光の振動数は 10^{15} Hz に近い．X線やγ線はもっと高振動数の電磁波である．

マクスウェルの電磁気学は**場の理論**(field theory)である．モーター・ボートのたてる湖面の波が岸辺の葦をゆらすように，電荷や電流の間の相互作用は電磁場によって伝達されると考える．テレビの送信アンテナに流れる振動電流がまわりの空間に振動する電磁場を作り出す．これが電磁波として光速度で伝播し，各家庭の受信アンテナに達して振動電流を誘導するのである．

電磁波の発振にはじめて成功し，その伝播が光学の法則にしたがうことを確かめたのはヘルツ(H. Hertz)である(1888年)．誘導コイルを火花間隙につなぎ，火花放電にともなう電気振動で電磁波を発生させた．受信器は火花間隙のあるループ状導線で，電磁波が来ると火花がとぶ．その場合，発信器の火花で受信器の火花間隙を照らすと火花がとびやすくなることにヘルツは気づいた．金属の表面を光で照射すると電子が放出される**光電効果**(photoelectric effect)のためである．この効果はのちに(第4章)光が粒子性を示すことの証拠とされるものであって，それが最初の電磁波発振と同時に発見されたというのは面白い．

問 題

1. 光の粒子論を採用した場合，空気中および水中における粒子の速さの比 $v_1:v_2$ を入射角 θ_1 と屈折角 θ_2 を使ってあらわせ(図1-6)．

1-6 波動方程式

あとで述べるように電磁場をあらわす量はベクトルであるが，しばらくはその成分の1つに注目し，空間の点 $r=(x, y, z)$，時刻 t での値を $\phi(r, t) = \phi(x, y, z, t)$ と書こう．t を固定したとき，方程式 $\phi(r, t) =$ 定数 を満足する点 r は1つの空間曲面にのっている．この曲面を波面とよび，波面が平面なら平面波，球面なら球面波とよぶ．t が増すとき，波面は法線方向に光速度で動く．

例題1 a, ω, α を定数 (a と ω は正)，$\mathbf{k}=(k_x, k_y, k_z)$ は定ベクトル，$\mathbf{k} \cdot \mathbf{r} = k_x x + k_y y + k_z z$ は $\mathbf{k}$ と $\mathbf{r}$ のスカラー積として

$$\phi(\mathbf{r}, t) = a \cos(\mathbf{k} \cdot \mathbf{r} - \omega t - \alpha) \tag{1.12}$$

は $\mathbf{k}$ に垂直な波面をもつ平面波であることを示し，振動数と波長を求めよ．

[解] $\mathbf{r}$ を固定すると，(1.12) は振幅 a，振動数 $\nu=(\omega/2\pi)$ の単振動をあらわす (ω を角振動数とよぶ)．光の色は振動数で決まるから，(1.12) は単色波をあらわす．t を固定したとき，空間の2点 $\mathbf{r}$ と $\mathbf{r}+\Delta\mathbf{r}$ における位相 $\theta = \mathbf{k}\cdot\mathbf{r} - \omega t - \alpha$ の差は $\Delta\theta = \mathbf{k}\cdot\Delta\mathbf{r} = k\Delta r \cos\gamma$ に等しい．k は $\mathbf{k}$ の大きさ，Δr は $\Delta\mathbf{r}$ の大きさ，γ は $\mathbf{k}$ と $\Delta\mathbf{r}$ の間の角度である (図1-8)．$\Delta\mathbf{r}$ を $\mathbf{k}$ に垂直にえらぶと ($\gamma=\pi/2$)，$\Delta\theta=0$ だから，波面は $\mathbf{k}$ に垂直な平面である．$\Delta\mathbf{r}$ を $\mathbf{k}$ に平行にえらぶと ($\gamma=0$)，$\Delta\theta = k\Delta r$ であり，$\mathbf{k}$ の方向に距離 $\lambda=(2\pi/k)$ 進むごとに θ は 2π だけ増し，ϕ は同じ値をくりかえす．λ が波長である．

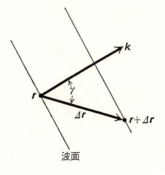

図1-8 平面波の波面と波動ベクトル．

$\boldsymbol{k}$ は平面波の波長と進行方向をあたえるベクトルで，**波動ベクトル**とよばれる．t が dt だけ増すとき波面が $\boldsymbol{k}$ 方向に dr だけ動くとすると $kdr-\omega dt=0$ であるから，波面の動く速さは $(dr/dt)=\omega/k$ であたえられる（これを位相速度とよぶ）．真空中（エーテルがあって物質粒子の存在しない空間）では

$$\omega = ck \tag{1.13}$$

が成立することになる．

波動方程式 (1.12) を x, y, z, t についてそれぞれ 2 回ずつ微分し，(1.13) によって $\omega^2 = c^2(k_x^2 + k_y^2 + k_z^2)$ であることに注意すると，ϕ は次の方程式を満足することがわかる．

$$\frac{\partial^2 \phi}{\partial x^2} + \frac{\partial^2 \phi}{\partial y^2} + \frac{\partial^2 \phi}{\partial z^2} - \frac{1}{c^2}\frac{\partial^2 \phi}{\partial t^2} = 0 \tag{1.14}$$

実はこれが光波にたいする基本的な波動方程式であり，(1.12) はその特解にすぎないのである．

(1.14) は線形である．ϕ_1, ϕ_2 が解なら，a_1, a_2 を定数として，線形結合 $a_1\phi_1 + a_2\phi_2$ がやはり解になる．関数を微分して導関数を求めるという演算そのものが線形性をもつからである．

$$\frac{\partial}{\partial x}(a_1\phi_1 + a_2\phi_2) = a_1\frac{\partial \phi_1}{\partial x} + a_2\frac{\partial \phi_2}{\partial x} \tag{1.15}$$

例として光の反射・屈折の法則を導こう．図 1-9 のように，xy 平面を境界として $z<0$ が空気，$z>0$ が水とし，空気中に入射波 ϕ，反射波 ϕ' が存在し，水中に屈折波 ϕ'' が存在するとする．いずれも単色平面波であって，ϕ は (1.12)

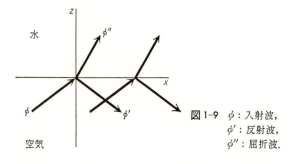

図 1-9 ϕ：入射波，
ϕ'：反射波，
ϕ''：屈折波．

1-6 波動方程式

の形,その $a, \boldsymbol{k}, \omega, \alpha$ をそれぞれ $a', \boldsymbol{k}', \omega', \alpha'$ とおきかえたものが ϕ', $a'', \boldsymbol{k}''$, ω'', α'' でおきかえたものが ϕ'' であるとする.空気中および水中の光速度をそれぞれ c_1, c_2 とすると,$\omega = c_1 k$, $\omega' = c_1 k'$, $\omega'' = c_2 k''$ である.したがって $\phi_1 = \phi + \phi'$ は (1.14) の c を c_1 でおきかえた波動方程式を満足し,ϕ'' は (1.14) の c を c_2 でおきかえた波動方程式を満足する.

この ϕ_1 と ϕ'' とは,境界面 $z=0$ で境界条件を満足する.境界条件も当然線形であって,A_1, A_2 を定数として $A_1 \phi_1(x, y, 0, t) + A_2 \phi''(x, y, 0, t) = 0$ の形をしているはずである.これがすべての x, y, z, t で成立するためには

$$k_x = k_x' = k_x'', \qquad k_y = k_y' = k_y'', \qquad \omega = \omega' = \omega'' \qquad (1.16)$$

y 軸の方向を $k_y = 0$ にえらぶと図 1-10 のようになる.波動ベクトルの大きさについて $k = k' = \omega/c_1$, $k'' = \omega/c_2$ が成立するので,図から入射角 θ と反射角 θ' とが等しく,屈折角 θ'' については $\sin\theta : \sin\theta'' = c_1 : c_2$ がえられる.実験事実 $\theta > \theta''$ を説明するためには,$c_1 > c_2$ と仮定することが必要である.

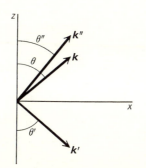

図 1-10 波動の反射・屈折.
$k_x = k_x' = k_x''$
$c_1 k = c_1 k' = c_2 k''$

光の干渉 さまざまな波動ベクトルの平面波を重ねあわせた

$$\phi(\boldsymbol{r}, t) = \sum_{\boldsymbol{k}} a_{\boldsymbol{k}} \cos(\boldsymbol{k} \cdot \boldsymbol{r} - ckt - \alpha_{\boldsymbol{k}}) \qquad (1.17)$$

がやはり (1.14) の解であって,これを**波束**とよぶ.振幅 $a_{\boldsymbol{k}}$,位相定数 $\alpha_{\boldsymbol{k}}$ は $\boldsymbol{k}$ の任意の関数であってよい.

波動の特徴は,重ねあわせたときに**干渉** (interference) がおこることである.同じ $\boldsymbol{k}$,同じ振幅の 2 つの平面波を重ねあわせても

$$a[\cos(\boldsymbol{k}\cdot\boldsymbol{r}-ckt-\alpha)+\cos(\boldsymbol{k}\cdot\boldsymbol{r}-ckt-\beta)]$$
$$=2a\cos\frac{\alpha-\beta}{2}\cos\left(\boldsymbol{k}\cdot\boldsymbol{r}-ckt-\frac{\alpha+\beta}{2}\right) \tag{1.18}$$

であって，合成波の振幅は成分波の位相差 $\alpha-\beta$ に依存する．$\alpha-\beta$ が π の偶数倍のとき，成分波の山と山，谷と谷が重なって合成波の振幅は最大値 $2a$ となる．位相差が π の奇数倍のときには，成分波の山と谷が重なって合成波の振幅は 0 になってしまう．

光の干渉の実例は薄膜(シャボン玉)の着色で，膜の表面と裏面で反射した光が干渉をおこす．この現象の定量的実験をやったのはニュートンであった．光の**回折**(diffraction)，つまり光が障害物の背後にまわりこんでおこす干渉現象も当時すでに知られていたが，ニュートンは波動論にたいし否定的であり，かれの権威を借りて粒子論が18世紀の光学を支配した．干渉や回折という概念がヤング(T. Young)やフレネル(A. J. Fresnel)によって確立されたのは，19世紀になってからのことである．

光の偏り　ニュートンが熟知していた波動現象は空気中の音波であり，波の進行方向に平行に空気が振動する**縦波**(longitudinal wave)である．一方，光波は**横波**(transverse wave)であり，進行方向に垂直な方向に振動がおこる．この振動方向を**偏り**(polarization)とよぶ．

光波が偏りをもつ結果，ある種の結晶に入射すると速度のちがう2つの光線にわかれて進むという複屈折の現象を示す．ニュートンはこの事実も知っていたが，光の波動論にたいする否定的材料と考えたらしい．

光が電磁波であれば，偏りの自由度をもつのは当然である．マクスウェル電磁気学によると，電磁場は電場をあらわすベクトル $\boldsymbol{E}$ と磁場をあらわすベクトル $\boldsymbol{B}$ とで記述される．これらのベクトルは大きさや方向が一般には空間の各点でちがい，時間的にも変動する．たとえば，真空中の単色平面波の電場は

$$\boldsymbol{E}(\boldsymbol{r},t)=\boldsymbol{a}\sin(\boldsymbol{k}\cdot\boldsymbol{r}-ckt-\alpha) \tag{1.19}$$

の形である．定ベクトル $\boldsymbol{a}$ は，その大きさが振幅をあらわし，方向が偏りをあらわす．電磁波は横波であって，$\boldsymbol{a}$ の方向は波の進行方向をあらわす波動ベク

トル k に垂直である.

$$k \cdot a = 0 \tag{1.20}$$

なお(1.19)ではコサインの代りにサインを採ったが，位相定数 α を $\pi/2$ だけずらせばコサインになる．また，(1.19)に対応する磁場は

$$B(r,t) = \frac{1}{\omega} k \times E(r,t) \tag{1.21}$$

であたえられる．$k \times E$ はベクトル積であり，したがって B は k にも E にも垂直である(図 1-11).

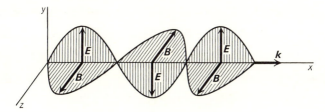

図 1-11　平面電磁波の電場と磁場.
進行方向 x 軸，偏りの方向 y 軸.

問　題

1. 球面波

$$\phi(r,t) = \frac{a}{r}\cos(kr - ckt)$$

は波動方程式(1.14)の解であることを確かめよ.

1-7　真空概念の変革

マクスウェルは物質は連続的に分布した電磁媒質であり，電磁場はこの媒質におこる一種の歪みだと考えた．物質が存在しないという意味の真空にもエーテルがみちていて電磁媒質の役割をするとした．

ローレンツ理論　電磁気学に原子論をもちこんだのはローレンツ(H. A. Lorentz)である(1878年)．電磁場の媒質はエーテルだけであり，通常の意味の物

質はエーテル中を運動する荷電粒子の集団にすぎないと考える．電荷 q の粒子が速度 v で動いていると，電磁場からローレンツ力とよばれる力

$$F = q(E + v \times B) \tag{1.22}$$

を受ける．右辺の E, B は粒子の位置における電磁場である．(1.22)を荷電粒子にたいするニュートンの運動方程式の力として代入し，電磁場の運動を決めるマクスウェル方程式と連立させ，粒子と電磁場の運動を決定しようというのがローレンツ理論の筋書である．

ローレンツ理論は物質の電磁的性質を説明する上である程度の成功をおさめた．たとえば電磁波が真空から物質に入射すると，物質中の荷電粒子はローレンツ力を受けて入射波と同じ振動数で強制振動をはじめる．これにともなって振動電流が流れるから，荷電粒子はミクロな送信アンテナとなり，入射波と同じ振動数の電磁波――**散乱波**を放射する．物質中の電磁波は入射波と散乱波の重ねあわせであり，伝播速度は真空中と異なる．屈折率が1とちがうのはこのためである．荷電粒子の行う強制振動の振幅は入射波の振動数に依存するから，屈折率もそうである（分散）．気体のように粒子がまばらな物質では体積の大部分は真空だから，電磁波の伝播も真空中とあまりちがわない．ローレンツが原子論を電磁気学にもちこんだ動機は，気体の屈折率が非常に1に近いという事実を説明することであった．

特殊相対論の出現 ローレンツ理論はいわばデモクリトスとアリストテレスの折中で，粒子と粒子の間にエーテルがみちていると考えた．しかし，それは考えの上だけのことで，本当の意味は次のとおりである．

力学で学習したように，慣性の法則の成立するような座標系を慣性系とよぶ．いま，ある慣性系 K から見て真空中の光波が四方へ同じ速さ c で伝わるとしよう．K にたいし速度 v で等速度運動している別の慣性系を K′ とする．ニュートン力学では，K と K′ はガリレイ変換とよばれる変換で結ばれ，常識的な速度の合成規則が成立する．つまり，同じ光波を K′ 系から見ると，$+v$ の方向には速さ $c-v$ で伝わり，$-v$ の方向には速さ $c+v$ で伝わることになる．ローレンツ理論のエーテルは，慣性系 K につけられたニックネームとおもえばよい．

1-7 真空概念の変革

つまり，慣性系 K はエーテルにたいし静止しており，慣性系 K' はエーテルにたいし速度 v で運動していると表現するだけの話で，エーテルという媒質が実在する必要はないのである．

このようなニックネームとしてのエーテルも，アインシュタイン(A. Einstein)の**特殊相対性理論**の出現によって否定されてしまった(1905年)．2つの慣性系の関係は**ローレンツ変換**とよばれる新しい座標変換であたえられ，その結果として光波はどの慣性系から見ても同じ速度 c で伝わるのである．図1-12のように，K 系の x, y, z 軸が K' 系の x', y', z' 軸とそれぞれ平行であり，x' 軸が $+x$ 軸方向に速さ v で動いている場合

$$x' = \frac{x - \beta ct}{\sqrt{1-\beta^2}}, \quad y' = y, \quad z' = z, \quad ct' = \frac{ct - \beta x}{\sqrt{1-\beta^2}} \quad (1.23)$$

がローレンツ変換である．ただし $\beta = v/c$ であって，$\beta \to 0$ の極限で(1.23)はガリレイ変換に帰着する．K 系の原点 $x=y=z=0$ から $t=0$ に放射された光波の波面は $c^2t^2 - x^2 - y^2 - z^2 = 0$ であらわされるが，これを(1.23)によって K' 系に変換すると $c^2t'^2 - x'^2 - y'^2 - z'^2 = 0$ となり，K' 系から見ても光波は四方に速さ c で伝わる．

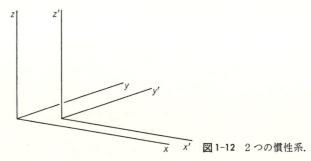

図1-12　2つの慣性系．

真空の新しい意味　こうしてエーテルの存在は否定され，電磁波は真空そのものを伝わると考えられることになった．つまり，真空はもはや空虚な空間ではなく，電磁波という形でエネルギー・運動量を蓄積することのできる物理的実在なのである．光速度 c は真空の物理特性をあらわす普遍定数であり，観測者の運動状態に無関係な値をもっている．

相対論によると，電子のような粒子も，電磁場とはちがった形で真空がエネルギー・運動量を蓄積したものと見なすことができる．

外力を受けていない自由粒子について考える．粒子の運動量成分 p_x, p_y, p_z とエネルギーを光速度で割った E/c とが，座標 x, y, z, ct と同じようにローレンツ変換を受けるのである．したがって，$E^2-c^2p^2$ という量はどの慣性系から見ても同じ値をもっている．これを $(mc^2)^2$ と書くことにする（m は正でも負でもよいが，便宜上正としておく）．エネルギーと運動量の関係は

$$E = [m^2c^4 + c^2p^2]^{1/2} \qquad (1.24)$$

であたえられる（図1-13）．mc^2 は粒子にたいして静止している慣性系から見たエネルギーであり，**静止エネルギー**とよばれる．$p \ll mc$ とすれば，(1.24) の平方根を (p/mc) のベキ級数に展開して

$$E \cong mc^2 + \frac{1}{2m}p^2 \qquad (1.25)$$

右辺第2項はニュートン力学における運動エネルギーであり，m は粒子の質量であることがわかる．相対論では m を**静止質量**とよぶ．

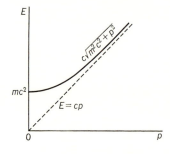

図1-13　相対論的粒子のエネルギーと運動量．（点線は $m=0$ の場合）

ところで，もともとエネルギーというのは変化量だけが物理的意味をもつのだから，粒子の運動量に無関係な静止エネルギーは無視してもよいのではないか？　答はノーである．理由は次の実例を見れば明らかだろう．

電荷が $+e$ であることのほかは電子と瓜二つの粒子があって，**陽電子**（positron）とよばれている．この陽電子が電子と衝突して両者ともに消滅し，代りに電磁波（γ 線）の発する過程（**対消滅** pair annihilation），およびその逆過程（対

生成 pair production)がおこりうるのである.
この場合には,静止エネルギーまでふくめて,
エネルギー保存則を考えることが必要である.
たとえば,対消滅で発生する γ 線のエネルギ
ーは,陽電子と電子の静止エネルギーの和
$2m_e c^2$ より小さいことはありえない.

なお,対消滅・対生成の実例は,電磁波と
粒子という 2 つの異なった形態の間で,エネ
ルギー・運動量の完全な相互転換が可能であ
ることを示している.

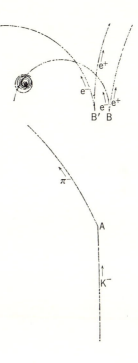

図 1-14 下方から K^- 中間子がやって来
て A 点で π^- 中間子と π^0 中間子に崩壊
する.π^0 中間子は電気的に中性で,こ
の写真には写っていないが,さらに 2 つ
の γ 線(光子)に崩壊する.これらの γ 線
が鉛板に衝突し,図の B 点,B′ 点でそ
れぞれ電子・陽電子対を生成する(カリ
フォルニア大学ローレンス-バークレイ
研究所提供の泡箱写真).

問　題

1. 慣性系 K′ が慣性系 K にたいし速度 v で動いているとする.静止質量 m の粒子が
K′ 系にたいして静止しているとき,K 系から見た運動量,エネルギーはそれぞれ次の
表式であたえられることを示せ.

$$\boldsymbol{p} = m_v \boldsymbol{v}, \quad E = m_v c^2$$

ただし

$$m_v = \frac{m}{\sqrt{1 - \left(\dfrac{v}{c}\right)^2}}$$

なお,速度の大きさ v を運動量の大きさ p であらわし,$m \to 0$ としてみよ.そのとき
$E = cp$ である.

2

荷電粒子の弾道論

諸君が毎日見ているテレビの画像は，ブラウン管中を高速で飛ぶ電子が描き出すのである．その設計は電子の運動が古典力学にしたがうとしておこなわれる．マクロな電磁場による荷電粒子の運動制御が，この章の主題である．

2-1 序論

　ミクロな粒子のうちで一番私たちになじみ深い名前は電子であろう．第1章で述べたように，電子がすべての原子・分子に共通な構成粒子であることは，トムソンによって19世紀末に確立された．現在では，テレビのブラウン管をはじめとする多様な電子機器の普及にともなって，電子という言葉もすっかり日常語になってしまった．

　電子の技術的な応用（いわゆるエレクトロニクス）の基本となっているのは，電子が荷電粒子であり，電場や磁場を加えることによって電子の運動——したがって電子の運動によって生ずる電流——を容易に制御できるという簡単な事実である．

　強さ E の電場におかれた電子が電場から受ける力の大きさは eE であるから，これによって生ずる加速度の大きさ a はニュートンの運動方程式

$$m_e a = eE \tag{2.1}$$

によってあたえられる．いま 10^{-2} m へだてた2枚の平行極板を電池につないで 1 V の電位差をあたえると，極板の間には強さ $E = 10^2$ V·m^{-1} の電場ができる（図2-1）．この値を(2.1)に代入すると，電子の加速度として $a = (e/m_e)E \cong$

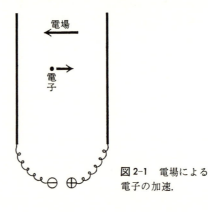

図2-1　電場による電子の加速．

10^{13} m·s^{-2} という非常に大きな値がえられる．その大きさの程を実感するには，重力加速度と比較してみるとよい．電子も地球から重力を受けるだろうが，重力の特徴は加速度が粒子の質量によらずみな同じになることである．電子もパチンコの玉も，地球の重力による加速度の大きさは $g \cong 10$ m·s^{-2} である．この大きさを単位にして測ると，強さ $E=1$ V·m^{-1} の電場による電子の加速度は約 $10^{10}g$ ということになり，電子運動の電場による制御がいかに有効であるかわかる．

さて，たとえばブラウン管を設計する場合，電子は電極の作る電場(あるいはコイルの作る磁場)から力を受け，ニュートンの運動方程式(2.1)にしたがって軌道をえがく粒子(質点)であると仮定する(管内は十分に良い真空になっていて，電子と残留気体分子との衝突は無視できるものとする．また，上に述べたとおり，電場から受ける力にくらべて，重力を無視できる)．その結果，蛍光面上の望みの点に電子を衝突させ，精細なテレビ画像を描かせることができるのである．この事情は，ロケットによって月や惑星を狙い撃ちできるのと同様である．つまり，すくなくともブラウン管のようなマクロな空間における電子の運動を問題にするかぎり，電子を古典力学でいう粒子と見なすことができる．

以下述べるように，同様の結論は正または負の電荷をもつイオンにもあてはまる．マクロな電磁場中での軌道を観測し，古典力学的な粒子であると仮定して計算した理論的な軌道と比較することにより，イオンの質量や電荷に関する情報がえられるのである．

これは大変幸運な事情だったといえる．もし電子やイオンの運動を扱うのに必ず量子力学が必要であったとすると，量子力学の確立以前にその質量や電荷を知ることは不可能になり，量子力学の確立そのものも大幅に遅れてしまったことであろう．

2-2 電場による運動制御

荷電粒子の運動を電磁場によって制御し，粒子の電荷と質量の比を測定する

ことに初めて成功したのがトムソンである．図 2-2 は，電子の場合にトムソンが使った実験装置の概略を示すもので，ガラス管に電極を封入して排気し，内部を高真空に保ってある．

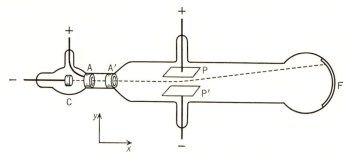

図 2-2　トムソンの陰極線実験．

陰極 C から放出された電子は，C と陽極 A, A′ の間にあらかじめ設定された静電場 E_x によって加速され，A, A′ にあけられた穴を通過して x 軸方向に進む電子線を形成する．電子線は平行な電極板 P, P′ の間に作られた y 軸方向の電場 E_y によって y 軸方向にいくらか方向を曲げられ，蛍光板 F に到着してその上に輝点を作る．

AC 間の静電場は，電位 $\Phi(x)$ を使って

$$E_x = -\frac{d\Phi}{dx} \tag{2.2}$$

とあらわすことができる（これが電位の定義だとおもえばよい）．電子が電場から受ける力は $-eE_x$ であり，電子が距離 dx を走る間にこの力のする仕事は

$$-eE_x dx = e\frac{d\Phi}{dx}dx = ed\Phi$$

これを C から A まで積分することによって，電子が陰極から陽極に達するまでの仕事の総量は $e(\Phi_A - \Phi_C) = e\Phi_{AC}$ であることがわかる．Φ_A, Φ_C はそれぞれ陽極および陰極の電位であり，$\Phi_{AC} = \Phi_A - \Phi_C$ は両極間に加えられた電圧である．

エネルギー保存則により，この仕事は陽極に達したときの電子の運動エネルギーと出発点の陰極でもっていた運動エネルギーとの差に等しいが，後者は前

者にくらべて非常に小さいので無視することにしよう. 陽極に達したときの電子の速さを v_A とすると

$$\frac{1}{2}m_e v_A^2 = e\Phi_{AC} \tag{2.3}$$

がエネルギー保存則である.

電圧 Φ_{AC} が 1 V であるときの $e\Phi_{AC}$ を 1 eV (電子ボルト electron volt) と呼ぶ. 原子物理学ではこれをエネルギーの単位にえらぶことが多い. MKS 単位に換算すると 1 eV=1.602×10⁻¹⁹ J である. (2.3)の右辺が 1 eV であるとき, 左辺の電子速度の大きさは $v_A \cong 5.9 \times 10^5 \mathrm{~m \cdot s^{-1}}$ であることに注意しておこう.

電場による電子線の偏向 偏向電極 P, P' の間に加えた電圧を Φ_P, 距離を D, x 軸方向の極板の長さを L とする(図 2-3). 偏向電極の端で電場が一様でないことは無視し, PP' 間に y 軸方向の一様な電場 $E_y = -\Phi_P/D$ が存在するものと考え, これを偏向電場と呼ぶことにしよう.

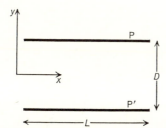

図 2-3 偏向電極.

(2.3)であたえられる x 軸方向の入射速度 v_A をもって電子はこの偏向電場に入射し, 偏向電場から y 軸方向の力 $-eE_y = e\Phi_P/D$ を受ける. 電子は x 軸方向に入射速度 v_A で等速度運動をおこない, y 軸方向には加速度 $-eE_y/m_e = (e/m_e)(\Phi_P/D)$ で等加速度運動をおこなう. つまり, 偏向電場内の電子の運動は重力による落下と同じであって, 軌道は放物線になる. x 軸方向に距離 L だけ動くのに要する時間は L/v_A であるから, 偏向電場の他端に達したときの電子の y 軸方向の速度および変位の大きさは, それぞれ

$$v_y = \left(\frac{e\Phi_P}{m_e D}\right)\left(\frac{L}{v_A}\right), \quad \Delta y = \frac{1}{2}\left(\frac{e\Phi_P}{m_e D}\right)\left(\frac{L}{v_A}\right)^2 \tag{2.4}$$

34 **2** 荷電粒子の弾道論

このとき電子の速度ベクトルが x 軸となす角を θ_E とすると，

$$\tan\theta_E = \frac{v_y}{v_A} = \left(\frac{e\Phi_P}{m_e v_A{}^2}\right)\left(\frac{L}{D}\right) \tag{2.5}$$

偏向電場を通過したあと電子は等速度運動をおこない，軌道は x 軸と角 θ_E をなす直線である．電子が x 軸方向に距離 L' を走って蛍光板 F に達するとすると，その間に y 軸方向に

$$\Delta y' = L'\tan\theta_E = \left(\frac{e\Phi_P}{m_e v_A{}^2}\right)\left(\frac{L}{D}\right)L' \tag{2.6}$$

だけ変位する．蛍光板上に生ずる輝点の高さは(2.4)と(2.6)の和であって，これを $\Delta y_E = \Delta y + \Delta y'$ と書くと

$$\Delta y_E = \left(\frac{e\Phi_P}{m_e v_A{}^2}\right)\left(\frac{L}{D}\right)\left(\frac{1}{2}L + L'\right) \tag{2.7}$$

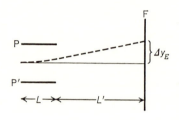

図 2-4 電場による電子線の偏向．

(2.3)により

$$\frac{2e\Phi_P}{m_e v_A{}^2} = \frac{\Phi_P}{\Phi_{AC}} \tag{2.8}$$

であることに注意しておこう．L と D とがほぼ同程度の大きさであり，偏向電圧 Φ_P が AC 間の加速電圧 Φ_{AC} にくらべて非常に小さいとすると，(2.5)の偏向角 θ_E は小さく，$\tan\theta_E \cong \theta_E \cong (\Phi_P/\Phi_{AC})$ と近似することができる．

問 題

1. (2.3)の $\Phi_{AC}=900$ V として v_A を求めよ．この v_A を(2.7)に代入し，$\Phi_P=30$ V, $D=0.60$ cm, $L=1.8$ cm, $L'=18$ cm として Δy_E を求めよ．

2-3 磁場による運動制御

運動の制御は磁場でおこなうこともできる．今度は偏向電圧を0とし，コイルを置いて一定の強さの電流を流し，PP′の部分に一様で定常的な磁場 B を作るのである．B は $+z$ 軸の方向にむいているとする．この磁場に入射するときの電子速度は，大きさが(2.3)で決まり，方向は x 軸に平行，したがって B に垂直である．磁場中では電子は磁場からローレンツ力を受け，

$$m_e \frac{d}{dt}v = -ev \times B \tag{2.9}$$

にしたがって速度が変化する．ベクトル積 $v \times B$ は B に垂直なベクトルであるから，dt 時間内におこる速度ベクトルの変化 dv は B に垂直である．入射速度が B に垂直だったのだから，v は時間が経っても B に垂直のままであり，電子は B に垂直な平面，つまり xy 平面の上を運動する．

ベクトル積 $v \times B$ は v にも垂直であるから，ローレンツ力が電子にする仕事は0であり，電子の運動エネルギーは時間的に一定である．実際，運動エネルギーを時間で微分すると，$v^2 = v \cdot v$ に注意して

$$\frac{d}{dt}\left(\frac{1}{2}m_e v^2\right) = m_e v \cdot \frac{d}{dt}v$$
$$= -ev \cdot (v \times B) = 0 \tag{2.10}$$

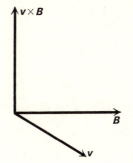

図2-5　ベクトル積 $v \times B$．

したがって電子速度の大きさvは一定であり，方向だけが変化する．電子は等速円運動をおこなうのである．

例題 1 一様な定常電磁場に垂直に入射した電子は，角速度

$$\boxed{\omega_c = \frac{eB}{m_e}} \tag{2.11}$$

で円運動することを示せ．ただし，B は磁場の強さである．

［解］$\boldsymbol{v}=(v_x,v_y,0)$, $\boldsymbol{B}=(0,0,B)$ をベクトル積の定義式に代入すると，ローレンツ力 $\boldsymbol{f}=-e(\boldsymbol{v}\times\boldsymbol{B})$ の成分は次のようになる．

$$\begin{aligned} f_x &= -e(v_yB_z - v_zB_y) = -eBv_y \\ f_y &= -e(v_zB_x - v_xB_z) = eBv_x \\ f_z &= -e(v_xB_y - v_yB_x) = 0 \end{aligned} \tag{2.12}$$

これを運動方程式(2.9)に代入し，(2.11)を使うと

$$\frac{d}{dt}v_x = -\omega_c v_y, \qquad \frac{d}{dt}v_y = \omega_c v_x \tag{2.13}$$

この方程式の解が

$$v_x = v_A \cos \omega_c t, \qquad v_y = v_A \sin \omega_c t \tag{2.14}$$

であることは，(2.13)に代入してみるとすぐわかる．ただし，時間の原点 $t=0$ を電子が偏向磁場に入射した時刻にえらび，そのとき電子速度は x 軸に平行で大きさが v_A となるように積分定数をえらんである．電子の x 座標，y 座標はそれぞれ次のようになる．

$$x = R \sin \omega_c t, \qquad y = R(1-\cos \omega_c t) \tag{2.15}$$

時間で微分すれば(2.14)がえられるからである．ただし，電子の入射点を座標原点 $x=0$, $y=0$ にえらんであり，また

$$R = \frac{v_A}{\omega_c} = \frac{m_e}{eB}v_A \tag{2.16}$$

である．(2.15)から t を消去すると，$x^2 + (y-R)^2 = R^2$ となるが，これは $x=0$, $y=R$ を中心とする半径 R の円をあらわす．

磁場中でのこの種の円運動を**サイクロトロン運動**と呼び，(2.11)をサイクロ

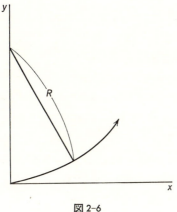

図 2-6

トロン角振動数,(2.16)をサイクロトロン半径と呼ぶ. 例えば, $v_A=10^7$ m·s^{-1}, $B=10^{-3}$ T (T=Wb·m^{-2}) とすると, $\omega_c=10^8$ s^{-1}, $R=10^{-1}$ m である. 円軌道のうち電子の入射点に近い部分を考えれば, $y \ll R$, $(y-R)^2 \cong R^2-2Ry$ としてよいから, 円軌道の方程式 $x^2+(y-R)^2=R^2$ は

$$y = \frac{1}{2R} x^2 \qquad (2.17)$$

と近似できる. これは放物線の方程式である.

　偏極磁場を通りぬけるまでに, 電子は x 軸方向に距離 L だけ走るのであるから, 通りぬけたときの y 軸方向の変位 $\Delta y''$ は (2.17) で $x=L$ とおいた式であたえられ, 軌道の接線が x 軸となす角を θ_B とすれば, $\tan \theta_B$ は (2.17) を x で微分して $x=L$ とおいた式であたえられる.

$$\Delta y'' = \frac{L^2}{2R}, \quad \tan \theta_B = \frac{L}{R} \qquad (2.18)$$

ただし, 近似式 (2.17) が使えるためには, $L \ll R$ でなければいけない.

　偏向磁場を出たあとの電子の軌道は勾配 $\tan \theta_B$ の直線であるから, 電子は蛍光板に達するまでに, y 軸方向にさらに $\Delta y''' = L' \tan \theta_B$ だけ変位する. 結局, 磁場によってひきおこされる y 軸方向の変位 $\Delta y_B = \Delta y'' + \Delta y'''$ は次のようになる.

加速器の高度技術

荷電粒子弾道論のハイライトは，高エネルギー物理実験に使われる大型加速器である．わが国に例をとると，筑波の高エネルギー物理学研究所にある陽子加速器は，最終段が直径約 108 m のリングである．この円軌道には，陽子の軌道を曲げるための偏向電磁石 48 個と，陽子が中心軌道からはずれないようにする収束電磁石 56 個がならんでいる．円軌道をまわるうちに陽子は高周波加速装置で加速されるが，陽子が速くなるにつれて加速電場の振動数を高くし，磁場を強くする．速くなると磁場で曲げにくくなるからである．こうして，陽子のエネルギーは最終的に $12\,\mathrm{GeV}=1.2\times10^{10}\,\mathrm{eV}$ に達し，スピードは光速度の 99.7% になる．その間に陽子は円軌道を 60 万回以上まわり，地球を 5 回まわるほどの距離を走る．おどろくべき精密技術である．高エネルギー物理学研究所では，さらに直径約 900 m のリングの建設が予定されている．電子と陽電子を約 30 GeV まで加速して正面衝突させ，理論的に予想されながら存在を確認されていない新しいクォークに関する実験をおこなうことが目的である．

2-3 磁場による運動制御

$$\Delta y_B = \left(\frac{L}{R}\right)\left(\frac{1}{2}L+L'\right) \tag{2.19}$$

トムソンの実験　トムソン自身は(2.19)を測定する代りに，電場と磁場とを同時にPP′(図2-3)の部分に加え，電子線の偏向が0になるように磁場の強さを調節した．このとき，電子がy軸方向の偏極電場から受ける力eE_yは磁場から受けるローレンツ力ev_ABと釣り合っているのであるから，$v_A=E_y/B$によって電子の入射速度の大きさv_Aを求めることができる．この値を(2.7)に代入した理論値を，電場のみが存在するときの電子線の偏向Δy_Eの観測値と比較することによって，トムソンは**比電荷**と呼ばれる定数e/m_eを求めることができた．こうして求めた比電荷の値が，陰極や残留気体の種類に無関係であることから，すべての物質に共通な構成粒子としての電子の存在を結論したのである．

現在使われているブラウン管も，原理はトムソンの実験装置と同じである．ただし2組の偏向電場(または偏向磁場)を使い，私たちの座標系のえらび方でいえば，y軸およびz軸方向に電子線を偏向させ，蛍光面(yz面に平行な面)上の任意の点に輝点を作ることができる．

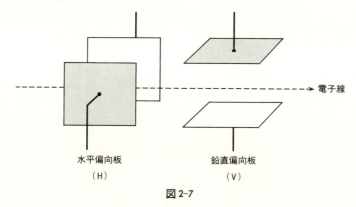

図 2-7

問　題

1. x軸に平行で一様な磁場Bの中を運動する電子の軌道は，一般にx軸を軸とするラセンであることを示せ．時刻$t=0$における電子の位置座標が$x=y=z=0$，速度成分

が $v_x=v\cos\theta$, $v_y=v_z=0$ であるとして($v_x>0$), 電子がふたたび x 軸上にもどってくるまでの最小時間, およびそのときの x 座標を求めよ.

2-4 同位体の質量分析

第1章で述べたように天然の元素は同位体の混合物であるが, これを化学分析によって分離することはできない. トムソンは元素をイオン化し, 電磁場を加えることによって同位体の分離に成功した. 他の性質は同じでも, 質量がちがえば電磁場中でのイオンの軌道がちがうからである.

真空放電のとき, 陰極に穴をあけておくと, 陰極にむけて加速されてきた陽イオンの一部が穴を通りぬける. こうしてえられる陽イオン線を, 図 2-8 の電極 P, P′ の作る y 軸方向の電場 E によって y 軸方向に偏向させ, 同時に, 磁極 M, M′ の作る y 軸方向の磁場 B によって z 軸方向にも偏向させる. 蛍光面に達したときの変位は

$$y = \left(\frac{ZeE}{mv_A^2}\right)L\left(\frac{1}{2}L+L'\right) \tag{2.20}$$

$$z = \left(\frac{ZeB}{mv_A}\right)L\left(\frac{1}{2}L+L'\right) \tag{2.21}$$

であたえられる. これらの表式は, それぞれ(2.7)および(2.19)で, e を陽イオ

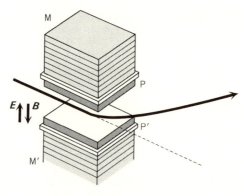

図 2-8　トムソンの陽極線実験.

ンの電荷 Ze に, m_e を陽イオンの質量 m におきかえたものであり, v_A は陽イオンの入射速度である.

ブラウン管の場合には, 偏極電磁場への入射速度 v_A は陰・陽両極間の加速電圧で決まるほぼ一定の値であった. 他方, 放電管内の残留気体分子あるいはイオンはさまざまな速度をもっているから, (2.20), (2.21) の v_A もそうである. したがって, 蛍光板上のさまざまな位置に輝点が現われるが, これらの輝点は両式から v_A を消去してえられる放物線

$$z^2 = \left(\frac{Ze}{m}\right)\left(\frac{B^2}{E}\right) L\left(\frac{1}{2}L + L'\right) y \qquad (2.22)$$

の上に分布する((2.21)の2乗を(2.20)で割算せよ). この放物線の形を観測して, イオンの比電荷 Ze/m を求めるのである.

こうして求めた Ze/m は電子の場合の e/m_e よりずっと小さかった. 陽イオンの質量が電子の質量よりずっと大きい ($m \gg m_e$) からだとトムソンは考えた. また, 化学的に純粋なネオンを使っても, 蛍光面には2本の放物線が現われた. 電荷 Ze は等しいが, 質量 m の異なる2種類のイオンが存在するのだとトムソンは考えた. 現在の記号で書けば, ネオンの同位体 [20]Ne と [22]Ne のイオンである (このほかに [21]Ne があるが, 存在比が小さいためにトムソンの実験では見つからなかった). 放射性同位体の発見以来その存在を予想されていた非放射性同位体が, トムソンの電磁的方法によってはじめて分離されたのである.

現代の質量分析計も, イオンに電磁場を加えて比電荷ごとに異なる軌道を描かせて分離する点では, トムソンの実験と変わらない. しかし, 精度は格段に高くなっていて, ppm 程度の精度で ([12]C を単位とする) 原子質量の決定が可能である.

問 題

1. 電荷は同じで質量の異なる2種類のイオンをふくむ陽イオン線がある. (2.7)を導いたときの考察を陽イオン線に適用し, 電場による偏向を利用して同位体分離が可能であるか否か答えよ. 磁場による偏向(2.19)の場合はどうか?

2-5 素電荷の測定

電子の電荷と質量を別々に知るためには，比電荷のほかに，素電荷か電子質量を知る必要がある．質量を知るには，既知の力を加えたときに生ずる加速度を測定することになる．しかし，重力による加速度は質量に無関係だから役に立たないし，すでに見たとおり電磁力では比電荷しかわからない．電子に働く力としてほかにどんなものがあるか，さしあたり私たちは知らないのである．

他方，素電荷の測定にはマクロな物体を利用できる．物体に何らかの方法で電荷 Q をあたえ，電場 E から物体が受ける力 QE を，既知の他の力と釣りあわせるか，あるいは（物体の質量はわかっているとして）加速度を測定するかして，Q の値を求める．求めた Q を，整数 n を使って $Q=ne$ の形にあらわすことができるなら，この e が素電荷の値をあたえることになる．

もっとも，Q がある素電荷の整数倍になっていることをはっきり結論できるためには，n が1だけ変わったときに力 QE が目立って変化すること，したがって n 自身が1とあまりちがっていないことが必要である．すると，かなり強い電場を加えても力 QE は弱いので，やはりなるべく質量の小さな物体をえらぶことが実際上必要である．

素電荷の本格的な測定に初めて成功したのはミリカン(R. A. Millikan)である(1909年)．油を霧吹きでこまかい油滴にし，空気中を落下させる．強い光をあてて油滴を光らせ，その運動を顕微鏡で観測するのである．X線で照射すると空気はイオン化し，油滴は電子を失ったり余計に捕えたりして帯電する．小さいといっても油滴はマクロな物体であるから，油滴に働く重力，空気の浮力，空気の抵抗を無視することはできない．これらの力を電場のおよぼす力と釣りあわせて，油滴の電荷を測定するのである(図2-9)．

図の電極 P, P' の間にある油滴に注目する．油滴の電荷が正なら上むきの電場を加え，負なら下むきの電場を加え，油滴が上昇運動するように電場の強さ E をえらぶ．油滴に働く重力から空気による浮力を引いた差を，g を重力加速

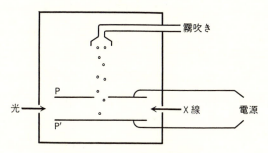

図 2-9　ミリカンの素電荷測定.

度として，m^*g と書くことにしよう．m^* は空気中での油滴の見かけの質量であり，その表式はあとで示す．油滴が空気から受ける抵抗は油滴の速さ v に比例するから，これを kv と書く．油滴が上昇運動している場合，この抵抗力は下むきに働く(図 2-10).

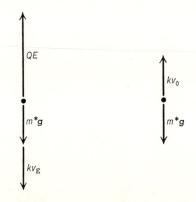

図 2-10　終速度 v_E.　　　図 2-11　終速度 v_0.

これら下むきの力の合力 m^*g+kv が電場のおよぼす上むきの力 QE とちょうど釣りあえば，油滴は一定の速さ(終速度)で上昇する．この終速度を v_E と書くと

$$QE = m^*g + kv_E \qquad (2.23)$$

スイッチを切って $E=0$ とすれば，油滴は落下をはじめる．この場合には，空気による抵抗 kv は上むきに働き，これが下むきの力 m^*g と釣りあったとき

に油滴は一定の終速度 v_0 で落下する(図 2-11).

$$m^*g = kv_0 \tag{2.24}$$

この表式を (2.23) に代入すると

$$QE = k(v_E + v_0) \tag{2.25}$$

したがって，k の値がわかっていれば，E, v_E, v_0 の測定値を (2.25) に代入することによって，Q の値を求めることができる．

流体力学によると，k はストークスの式と呼ばれる次の式であたえられる．

$$k = 6\pi\eta r \tag{2.26}$$

η は空気の粘性係数，r は油滴の半径である．r を測定するのはむずかしいから，r をふくむもう 1 つの式と組みあわせて消去する．その式というのが，空気中での油滴の見かけの質量であって，アルキメデスの原理により

$$m^* = \frac{4\pi}{3}r^3(\rho - \rho_0) \tag{2.27}$$

ただし，ρ は油の密度，ρ_0 は空気の密度である．この m^* の式を (2.24) に代入すると

$$kv_0 = \frac{4\pi}{3}(\rho - \rho_0)gr^3 \tag{2.28}$$

(2.26) を r について解き，(2.28) に代入すると

$$k = 18\pi\left[\frac{\eta^3 v_0}{2(\rho - \rho_0)g}\right]^{1/2} \tag{2.29}$$

これに η, ρ, ρ_0, v_0 の測定値を代入して k を求めることができる．

電荷 Q は油滴によってさまざまな値をもつが，測定誤差の範囲内で基本電荷 e の整数倍であることをミリカンは示した．こうして求めた e の値を比電荷の測定値と組みあわせれば，電子や陽子(水素イオン)の質量がわかるし，電気分解で知られたファラデー定数 F を e で割ることによって，アボガドロ数 N_A の値がわかるわけである．

問　題

1. 半径 1 μm($=10^{-6}$ m) の油滴が電場なしに空気中を落下するときの終速度はいくら

か？　油の比重を 8×10^{-1}，空気の比重および粘性係数をそれぞれ 1×10^{-3}，2×10^{-5} N·s·m^{-2} とする．この油滴に1素電荷をあたえたとき，上昇運動をさせるのに必要な電場の強さの下限を求めよ．

2-6　光る電子

　マクスウェル-ローレンツの電磁気学によれば，荷電粒子が振動すると（もっと一般には加速度運動をすると），これにともなって振動電流（一般には時間的に変動する電流）が流れ，同じ振動数の電磁波がまわりの空間に放出される．第1章でも述べたように，テレビの送信アンテナはその実例である．アンテナ内部の多数の電子が一斉に振動することによってマクロな強さの振動電流が流れ，テレビ電波が放出されるのである．

　もっと大規模な電子の加速度運動の実例として，東京大学原子核研究所に設置されている電子貯蔵リングの写真を図2-12に示してある．直径約5mのリング状容器の内部を 10^{-9} Torr 程度の高真空に保ち，電子シンクロトロンと呼ばれる加速器で加速された電子（運動エネルギー 5×10^8 eV）をそこに打ち込む．電子はリングにとりつけられた磁石の磁場からローレンツ力を受けて軌道を曲げ，リングをぐるぐる回りながら電磁波を放出するのである．これを**シンクロトロン放射**(synchrotron radiation)と呼んでいる．図2-12のリングの場合，

図2-12　電子貯蔵リング．

その波長は 50〜2000 Å の間に連続的に分布していて，この波長領域における強力な光源として利用されている．

原子の発光スペクトル 以上はマクロなひろがりをもつ空間における電子の運動とこれにともなう電磁波の放出であるが，原子内部に電子が存在し，しかも運動しているならば，やはり電磁波を放出するはずである．つまり，原子はミクロな大きさのアンテナだということになる．実際，原子が特有の光(紫外線をふくむ)を放出することは，19 世紀後半から知られていた．

一般に電磁波はさまざまな振動数の単色波の重ねあわせであり，その振動数分布を**スペクトル**(spectrum)と呼ぶ．振動数が連続的に分布していれば**連続スペクトル**(continuous spectrum)であり，とびとびの値をとるなら**離散スペクトル**(discrete spectrum，または**線スペクトル** line spectrum)であるという．上に述べたシンクロトロン放射は連続スペクトルの例である．他方，原子の放出する電磁波は各原子に特徴的な線スペクトルを示す．

原子の発光スペクトルを観測するには，たとえば高温の蒸気の発する光を，図 2-13 のようにスリット S を通してから分光器 P に入れると，振動数の大小に応じて光の進路がわかれ(分散)，フィルム F に多数のスリット像が輝線として撮影される．輝線は，連続スペクトルなら連続的に分布し，離散スペクトル

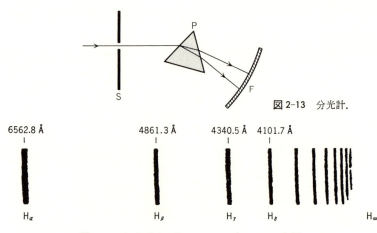

図 2-13 分光計．

図 2-14 水素原子の線スペクトル(バルマー系列)．

なら図2-14のようにとびとびに並ぶ．この図を見ると，線スペクトルという名称のふさわしいことがわかる．なお，この図は水素原子の発光スペクトルの一部を示すものであって，詳しい説明は第5章で述べる．

線スペクトルの場合の輝線の並び方には，原子の種類によって異なる規則性があるので，線スペクトルを原子のIDカードとして利用することができる．このようにスペクトルによって原子(または分子)の同定をおこなうことを**分光分析**と呼ぶ．物理学者キルヒホッフ(G. R. Kirchhoff)が化学者ブンゼン(R. W. Bunsen)と協力して確立した方法である(1860年)．この方法によれば，遠い星の送ってくる光のスペクトルから，その星に存在する原子や分子の種類を知ることができる．有名な実例はヘリウム原子である．地球上で発見されるより以前に，太陽光線のスペクトルから太陽に新元素の存在することがわかり，太陽を意味するギリシャ語のヘリオスにちなんでヘリウムと命名された．

問　題

1. 1884年，高校の数学教師であったバルマー(J. J. Balmer)は，図2-14に示した水素原子のスペクトル線の波長が

$$\lambda_n = \frac{n^2}{n^2-4}\lambda_\infty, \quad n = 3, 4, 5, \cdots$$

とあらわされることを発見した．観測値 $\lambda_3 = 6562.8$ Å を使って定数 λ_∞ の値を求めよ．この λ_∞ の値を上の公式に代入してえられる λ_4, λ_5 の値を観測値 $\lambda_4 = 4861.3$ Å，$\lambda_5 = 4340.5$ Å と比較してみよ．

2-7　原子発光の振動子モデル

原子の電磁波放出を古典論で論じようとする場合，一番簡単なモデルは原子内で電子が振動していると仮定することである(ローレンツの振動子モデル)．その角振動数を ω_0 とすると，原子内には角振動数 ω_0 で振動する電流が流れ，同じ角振動数の電磁波がまわりの空間に放出される．

例題1　放出される電磁波の角振動数 ω_0 を真空中の波長 λ であらわし，$\lambda =$

$0.6\,\mu\mathrm{m}$ のときの ω_0 を求めよ.

［解］真空中の光速度を c として $\omega_0=(2\pi c/\lambda)$ であるから, $c\cong 3\times 10^8\,\mathrm{m\cdot s^{-1}}$, $\lambda=6\times 10^{-7}\,\mathrm{m}$ を代入して, $\omega_0\cong 3\times 10^{15}\,\mathrm{s}^{-1}$ となる. ∎

さて, この振動子モデルの根拠づけを試みることにしよう. もっとも, 以下の話は電子にかぎるわけではないので, しばらくは一般の粒子を考え, その質量を m と書く. 粒子は x 軸上を運動するものとし, 粒子に働く力のポテンシャルを $U(x)$ と書く. これに運動エネルギーを加えた

$$E=\frac{1}{2}m\left(\frac{dx}{dt}\right)^2+U(x) \tag{2.30}$$

が粒子の力学的エネルギーである.

$U(x)$ の詳しい形は問わないことにして, x のある値, たとえば $x=0$ で最小になることだけを仮定しよう. この最小値を U_0 と書くと, (2.30)の右辺第1項は負にならないから, $E\geqq U_0$ であり, U_0 はエネルギー E の最小値でもある. $E=U_0$ の場合, 運動エネルギーは0であり, 粒子は $x=0$ に静止したままである.

E が最小値 U_0 よりわずかに大きいときには, 力学で学習したように(物理入門コース『力学』第3章参照), 粒子は図2-15の点 $x=x_1$ と $x=x_2$ の間を往復運動し, しかも x_1, x_2 の絶対値は小さい. したがって, ポテンシャル $U(x)$ を $x=0$ でテイラー展開し, x の3次以上の項を無視する. $x=0$ で $U(x)$ は最小であるから, 1次微分係数は0, 2次微分係数は正であることに注意して

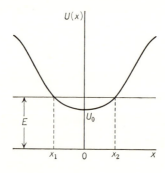

図2-15 安定な平衡点付近の振動.

2-7 原子発光の振動子モデル

$$\boxed{U(x) \cong U_0 + \frac{1}{2}fx^2} \qquad (2.31)$$

$$f = \left[\frac{d^2U(x)}{dx^2}\right]_{x=0} > 0 \qquad (2.32)$$

がえられる．(2.31)を運動方程式に代入して

$$m\frac{d^2x}{dt^2} = -\frac{\partial U}{\partial x} = -fx \qquad (2.33)$$

これはスプリングに付けた錘の運動方程式と同じ形であり，f がバネ定数に相当する．方程式の解はいうまでもなく調和振動であって，その角振動数は

$$\omega_0 = \left[\frac{f}{m}\right]^{1/2} \qquad (2.34)$$

であたえられる．

　以上，直線上を運動する1個の粒子について述べたことは，粒子が3次元的な運動をおこなう場合，あるいは多数の粒子がたがいに力をおよぼしあっている場合に一般化することができる．つまり，粒子に働く力がポテンシャルであらわされ，しかもポテンシャルに最小値があるという意味で力学系が安定ならば，その微小運動は一般に調和振動(の重ねあわせ)なのである．

　ローレンツの振動子モデルは，この定理を原子内電子にあてはめたものと考えることができる．ただし，原子内の電子が安定な力学系であることを仮定した上での話である．原子は事実安定に存在しているのであるから，この仮定には何も問題がないように見えるのであるが，実はそうでないことは1-1節でも注意しておいた．詳しい話は第5章で述べる．

　放射減衰　荷電粒子が振動すれば電磁波を放出するのであるから，電磁波がエネルギーをはこび去ることを考えに入れると，粒子は力学的エネルギーをすこしずつ失い，やがて静止するであろう．つまり，厳密にいえば，電子は減衰振動をおこなうことになる．放出される電磁波も単色波ではなくて，振動数は ω_0 を中心とするある区間内に分布し(問題2)，スペクトル線は幅(**自然幅** natural width)をもつのである．

2 荷電粒子の弾道論

電荷 e, 質量 m の粒子が角振動数 ω_0 で振動しているとしよう．

$$x = a\cos(\omega_0 t + \alpha) \tag{2.35}$$

a は振幅, α は位相定数である．粒子の振動エネルギー $E_v = E - U_0$ は(2.31), (2.34)を(2.30)に代入して

$$\boxed{E_v = \frac{1}{2}m\left(\frac{dx}{dt}\right)^2 + \frac{1}{2}m\omega_0^2 x^2} \tag{2.36}$$

これに(2.35)を代入すると

$$E_v = \frac{1}{2}ma^2\omega_0^2 \sin^2(\omega_0 t + \alpha) + \frac{1}{2}m\omega_0^2 a^2 \cos^2(\omega_0 t + \alpha)$$

$$= \frac{1}{2}ma^2\omega_0^2 \tag{2.37}$$

他方，マクスウェル理論によると，この振動子が電磁波として放出するエネルギーは，1秒あたり

$$S = \frac{1}{9}(ea\omega_0^2)^2 \times 10^{-15} \text{ W} \tag{2.38}$$

であたえられる(ただし，電磁波の波長は振幅 a にくらべてはるかに長いとする)．時間 $(2\pi/\omega_0)$, つまり振動の1周期内に放出されるエネルギーは

$$\Delta E = \frac{2\pi}{\omega_0} S = \frac{2\pi}{9} e^2 a^2 \omega_0^3 \times 10^{-15} \text{ J} \tag{2.39}$$

である．

原子内電子の振動にふさわしい大きさとして $a = 1$ Å $(=10^{-10}$ m$)$, $e = 10^{-19}$ C, $\omega_0 = 10^{15}$ s^{-1}, $m = 10^{-30}$ kg を代入すると，(2.39)は $\Delta E \cong 7 \times 10^{-29}$ J をあたえ，(2.37)は $E_v \cong 5 \times 10^{-21}$ J をあたえる．$\Delta E / E_v \cong 10^{-8}$ であって，電磁波の放出によって電子が静止するまでに，およそ，10^8 回ほど振動することになる．

問　題

1. (2.37)と(2.38)の比として定義される時間 $\tau = E_v/S$ はどんな意味をもつか？ m として電子質量, e として電子の電荷を代入し, $a = 1$ Å, $\omega_0 = 10^{15}$ Hz の場合の τ の値を求めよ．

2. $f(t)$ が $0 \leq t < \infty$ でなめらかな関数であるとき，次のように単振動の重ねあわせとしてあらわされるという（フーリエ積分の定理）．

$$f(t) = \int_0^\infty g(\omega) \cos \omega t \, d\omega$$

$$g(\omega) = \frac{2}{\pi} \int_0^\infty f(t) \cos \omega t \, dt$$

減衰振動

$$f(t) = e^{-t/\tau} \cos \omega_0 t$$

の場合の振幅 $g(\omega)$ を求め，概略のグラフを描け．ただし，ω_0, τ は正の定数で $\omega_0 \tau \gg 1$ とする．

2-8 磁場によるスペクトルの変化

前節で述べた原子発光の説明は，原子内で荷電粒子が振動すればよいのであって，その粒子が電子であるという積極的な主張はどこにもふくまれていない．原子発光の原因が電子であることを示す有力な証拠は，ゼーマン (P. Zeeman) によって発見された (1897 年)．永久磁石あるいは電磁石の作るマクロな磁場の中に亜鉛やカドミウムの高温蒸気をおき，その原子スペクトルを観測すると，磁場が 0 のときに 1 本であったスペクトル線が 3 本に分裂し，その角振動数は

$$\omega = \begin{cases} \omega_0 \\ \omega_0 \pm \omega_L \end{cases} \tag{2.40}$$

であたえられる．ω_0 は磁場がないときの角振動数であり，ω_L は磁場の強さ B に比例する．これを

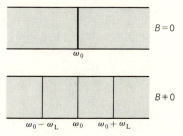

図 2-16 正常ゼーマン効果．

$$\omega_{\mathrm{L}} = \frac{e}{2m_{\mathrm{e}}}B \tag{2.41}$$

と書くと，比電荷 e/m_{e} の値がブラウン管で測定される電子の比電荷と一致するのである．

ローレンツの振動子モデルによると，この磁場効果は以下のように説明される．前節では直線運動を考えたが，今度は電子は x 軸，y 軸，z 軸いずれの方向にも振動できると考える．ただし，どの方向に振動する場合にもバネ定数は共通の値 f に等しいとする．(2.40)の ω_0 は(2.34)の質量 m を電子質量 m_{e} でおきかえたものに等しい．場所にも時間にもよらない強さ B の磁場を z 軸に平行に加えると，電子は磁場から力(2.12)を受ける．したがって運動方程式は次のように書ける．

$$\ddot{x} = -\omega_0^2 x - \omega_{\mathrm{c}}\dot{y}, \quad \ddot{y} = -\omega_0^2 y + \omega_{\mathrm{c}}\dot{x}$$
$$\ddot{z} = -\omega_0^2 z \tag{2.42}$$

ただし，ここでは時間微分を点で示してあり，バネ定数は $f = m_{\mathrm{e}}\omega_0^2$ と書き直した．(2.42)で $\omega_0 = 0$ とおけば，2-3節で述べたように，電子の x, y 座標は(2.11)であたえられる角速度 ω_{c} で円運動をおこない，z 座標は等速運動をおこなうから，結局電子はラセン運動することになる．

いま考えようとするのは，むしろ $\omega_0 \gg \omega_{\mathrm{c}}$ の場合，つまり電子を原子内に束縛している力の方が，磁場のおよぼすローレンツ力より強い場合である．まず，(2.42)により，z 軸方向の運動は $B=0$ のときと同じであり，角振動数 ω_0 の単振動である．この振動にともなって，同じ角振動数の電磁波が放出されると考える．他方，磁場に垂直な平面上の運動については，a, ω を定数として

$$x = a\cos\omega t, \quad y = a\sin\omega t \tag{2.43}$$

とおこう．(2.42)のはじめの2式に代入すると，ω は次の2次方程式を満足すべきことがわかる．

$$\omega^2 = \omega_0^2 + \omega_{\mathrm{c}}\omega \tag{2.44}$$

(2.43)は $x^2 + y^2 = a^2$ を満足するから，角速度 ω の円運動をあらわしている．

とくに(2.44)で $\omega_c=0$ とおけば根は $\omega=\pm\omega_0$ であり，これを(2.43)に代入してえられる

$$x = a\cos\omega_0 t, \qquad y = a\sin\omega_0 t \qquad (2.45)$$

$$x = a\cos\omega_0 t, \qquad y = -a\sin\omega_0 t \qquad (2.46)$$

は，磁場を軸としてそれぞれ右まきおよび左まきに回転する円運動をあらわす(図 2-17).

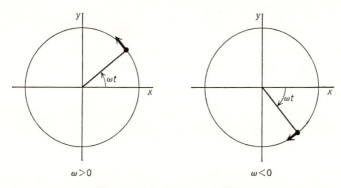

図 2-17 磁場中のラーマー運動.

ω_c が 0 でなくても ω_0 にくらべて小さいなら，(2.44)の根は $+\omega_0$ または $-\omega_0$ の近くにある．$+\omega_0$ の近くにある場合には，(2.44)の右辺第 2 項の ω を近似的に $+\omega_0$ でおきかえてよい．したがって

$$\omega \cong +\omega_0\left[1+\frac{\omega_c}{\omega_0}\right]^{1/2} \cong \omega_0+\frac{1}{2}\omega_c \qquad (2.47)$$

ω が $-\omega_0$ の近くにある場合には，(2.44)の右辺第 2 項の ω を近似的に $-\omega_0$ でおきかえてよく

$$\omega \cong -\omega_0\left[1-\frac{\omega_c}{\omega_0}\right]^{1/2} \cong -\omega_0+\frac{1}{2}\omega_c \qquad (2.48)$$

(2.47)を(2.43)に代入すると，点 (x, y) は xy 平面上を角速度 $\omega_0+(1/2)\omega_c$ で右まきに円運動し，(2.48)を(2.43)に代入すると角速度 $\omega_0-(1/2)\omega_c$ で左まきに円運動する ($\omega_c \to 0$ としてみよ)．つまり，z 軸 (=磁場の方向) のまわりに角速度

$$\omega_{\mathrm{L}} = \frac{1}{2}\omega_{\mathrm{c}} \tag{2.49}$$

で右まきに回転する座標系で見ると，電子の運動は磁場が0のときと同じである．これをラーマー(J. Larmor)の定理といい，(2.49)を**ラーマーの角振動数**と呼ぶ．ω_{c}に(2.11)を代入すると(2.41)がえられる．ただし，近似(2.47)，(2.48)から明らかなように，ラーマーの定理は磁場について1次の項まで考え，2次以上の項を無視したときに成立する近似的な法則であることに注意しておこう．また，磁場の効果が座標系を右まきに回転させるのと等価になるのは，磁場が電子におよぼすローレンツ力が電子を右まきに回転させようとするからである(図2-18)．

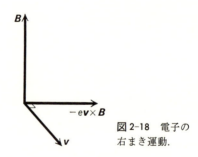

図 2-18 電子の右まき運動．

さて，円運動(2.43)でも，x座標，y座標はそれぞれ一定の角振動数で単振動するのであるから，これにともなって振動電流が流れ，同じ角振動数の電磁波が放出される．つまり，(2.40)の$\omega_0 \pm \omega_{\mathrm{L}}$という角振動数の光は，磁場に垂直な平面内の振動電流によって放出されるものだと解釈することができる．

磁場によるスペクトル線の分裂を一般に**ゼーマン効果**と呼び，(2.40)のようにローレンツの振動子モデルで一応説明できるものを**正常ゼーマン効果**と呼ぶ．実は正常ゼーマン効果はむしろ実例がすくなくて，多くの原子は古典論では説明のできない**異常ゼーマン効果**を示すのである．たとえば，ナトリウム原子の発するオレンジ色の光を分光器にかけると2本のスペクトル線(D線)にわかれるが，これに磁場を加えると，それぞれのスペクトル線がさらに4本および6本に分裂し，その間隔も(2.41)とは一致しない．ゼーマン自身，ナトリウムの

2-8 磁場によるスペクトルの変化

D線を最初に観測したのであるが，かれの分光器の分解能が悪かったために，磁場によるスペクトル構造の変化を詳しく見ることができなかった．もっと観測しやすい原子としてカドミウムをえらび，正常ゼーマン効果を発見してこれを振動子モデルで説明することに成功した．これは原子物理学の発展にとって幸運だったといえよう．もしゼーマンの分光器の分解能が良くて最初にナトリウムの異常ゼーマン効果が発見されたとしたら，かれも師のローレンツも当惑したにちがいない．ゼーマン効果の全般的な説明は，量子力学によってはじめてあたえられるからである．

問　題

1. $B=0$ のときの運動方程式の円運動解(2.45), (2.46)と直線的な振動解(2.35)との間にはどんな関係があるか？
2. $B=0.3\,\mathrm{T}$ としてラーマー角振動数(2.41)は何ヘルツか？

3
熱運動の古典論

室温におけるマクロな物体の熱的性質は，原子や分子の運動が古典力学にしたがうとして説明できるが，極低温では古典論と実験の不一致がはっきり現われる．このことを理解すると同時に，古典力学の正準運動方程式をこの章で学ぶ．

3-1 序論

　マクロな物体の示す熱現象の起源は，物体中のミクロな粒子がたえまなくおこなっている不規則な運動であって，これを**熱運動**(thermal motion)と呼ぶ．ミクロな粒子の熱運動を直接観察することはむずかしいが，マクロとミクロの中間の大きさ(たとえば直径 $1\,\mu\mathrm{m}$ ぐらい)の粒子を水中あるいは空気中に浮かべて，その不規則な熱運動を顕微鏡で観察することはできる．このような'巨大粒子'の熱運動を，発見者の名前にちなんで，**ブラウン運動**と呼ぶ．

　植物学者ブラウン(R. Brown)は，静止した水に浮かぶ花粉粒が不規則に踊り続けているのを顕微鏡で観察した(1827年)．まわりの水分子がたえず花粉粒に衝突し，大きさも方向も不規則な運動量変化をおこすからである．花粉粒のブラウン運動は，マクロに見れば静止している水の内部で，水の分子が激しい熱運動をおこなっていることの証拠である．

　第1章で述べたように，希薄気体の圧力は気体分子の平均運動エネルギーに比例する．気体の圧力にかぎらず，一般にマクロな物体の性質は，物体をミクロな粒子の集まった力学系であると見なし，この力学系のさまざまな物理量を不規則な熱運動について平均した平均値である．統計力学はこの平均値を計算するための理論的な処方箋であり，19世紀末から20世紀の初頭にかけて，ボルツマン(L. Boltzmann)およびギブス(W. Gibbs)によって定式化された(物理入門コース『熱・統計力学』参照)．

　当然のことながら，かれらはミクロな粒子の運動が古典力学にしたがうと仮定した．幸い，この古典統計力学は比較的高温(ほとんどの場合室温をふくむ)における物体の性質を説明することができるので，原子論の確立に大いに役立った．しかし，室温よりはるかに低い極低温度における物性の研究が進むにつれて，古典統計力学の結論と実験事実の間には救いがたい不一致のあることが明らかになった．この事情を説明することがこの章の目的の1つである．

　ところで，古典統計力学の定式化には，粒子の位置と運動量とを独立変数と

見なして運動方程式を書いておく必要がある．これを古典力学の**正準形式**と呼ぶ．正準形式に書かれた古典力学と量子力学との間には簡単な対応関係があるという点からも，読者はこの章で正準形式に慣れておいてほしい(本書を理解する上では以下述べる説明で十分であるが，正準形式についてもっと詳しく知りたければ，物理入門コース『解析力学』を参照)．

3-2 ブラウン運動とボルツマン定数

原子の実在性を疑う科学者(たとえばマッハ E. Mach)は20世紀にはいっても絶えなかった．原子を直接観測することはできないから，現象を説明するための便宜的仮定にすぎないとかれらは主張したのである．このような懐疑論は，ブラウン運動に関するペラン(J. Perrin)の実験によって一掃された(1908年)．重力場中におかれた気体分子の空間分布を，もっと大きなコロイド粒子に真似させ，後者の分布を顕微鏡で直接観察することにより，ボルツマン定数 k_B の値(1.7)を決定することに成功したのである．当時，気体定数 $R=N_A k_B$ の値は気体の状態方程式の研究からすでにわかっていたので，アボガドロ数 N_A の値を決めたといってもよい．

重力場中の気体分子 鉛直上方に z 軸をとり，これに平行な軸をもつ細長い円筒形容器につめた希薄気体を考えよう．気体分子の質量を m とすると，分子は z 軸方向に重力 $-mg$ を受けるから，もし分子が熱運動することを考えなければ，容器の底(ここを $z=0$ にえらぶ)に沈んでしまう．実際には熱運動のため容器全体に分子は分布するわけだが，上方にゆくほど密度は小さくなる．

図3-1のように，それぞれ高さ z および $z+dz$ にある水平面 S_1, S_2 ではさまれた体積素片 $dV=Sdz$ に注目する．S は容器の断面積である．いま考えているのは希薄気体であるが，それでも分子と分子の間の平均間隔はミクロな長さであって，たとえば50Å程度とする．幅 dz はこれにくらべると十分に大きく，したがって体積素片 dV には多数の分子がふくまれているものとする(たとえば dz が5000Åとすると 10^6 個程度の分子がふくまれることになる)．この分

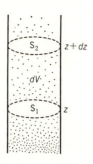

図 3-1 重力場中の気体分子.

子数を $n(z)dV$ と書く．分子数密度 $n(z)$ は，重力の効果のために z が増大すると減少する．ただし，幅 dz の間での $n(z)$ の変化は無視できるものとする（(3.4) の λ にくらべて dz を小さくえらべばよい)．なお，体積素片 dV には境界 S_1, S_2 を通してたえず分子が出入しているが，気体が熱平衡にあるとすれば，同じ時間内に入る分子の数と出る分子の数とがほぼバランスしていて，$n(z)$ は時間的に変化しないと考えてよい．

さて，気体の温度 T は一様で z に無関係であるとしよう．体積素片 dV にふくまれている気体にたいして状態方程式 (1.6) を適用すると，気体の圧力 $P(z)$ と密度との関係式

$$P(z) = k_B T n(z) \tag{3.1}$$

がえられる．断面 S_1 に下側の気体がおよぼす圧力と断面 S_2 に上側の気体がおよぼす圧力には圧力差

$$P(z) - P(z+dz) = -\frac{dP(z)}{dz}dz \tag{3.2}$$

があり，これに断面積 S を掛けただけの力が，体積素片 dV にふくまれる気体に働くことになる．気体の受ける重力 $-mgn(z)dV$ をこれに加えた合力は，気体が熱平衡状態にあって静止している場合，0 である．したがって

$$\frac{dP(z)}{dz} = -mgn(z) \tag{3.3}$$

(3.3) の左辺に (3.1) を代入すると

$$\frac{dn(z)}{dz} = -\frac{1}{\lambda}n(z), \quad \lambda = \frac{k_B T}{mg} \tag{3.4}$$

この微分方程式の解は

$$n(z) = n(0)e^{-z/\lambda} \tag{3.5}$$

であって，高さ z が λ をこえると急激に 0 に近づく（図 3-2）．

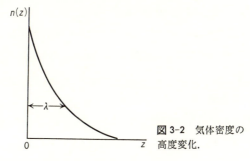

図 3-2 気体密度の高度変化．

容器の高さを L とすると，気体のふくむ全分子数は

$$N = \int_0^L n(z)Sdz = Sn(0)\lambda\{1-e^{-L/\lambda}\} \tag{3.6}$$

であたえられる．m として水素分子の質量程度の値 $m=10^{-27}\,\mathrm{kg}$ を代入すると，室温 ($T \cong 300\,\mathrm{K}$) で $\lambda \cong 10^5\,\mathrm{m}$ となる．$L=10\,\mathrm{m}$ としても $L \ll \lambda$ であり，(3.6) の指数関数を $\exp[-L/\lambda] \cong 1-(L/\lambda)$ と近似してよい．つまり $N \cong Sn(0)L$ となって，気体が一様な密度 $n(0)$ で容器全体をみたしていると見なしてよい．

さて，N 個の分子のうちから勝手に 1 個をえらんだとき，その高さが z と $z+dz$ の間にある確率は，体積素片 dV にふくまれている分子数 $n(z)Sdz$ と全分子数 N との比に等しい．この確率を $w(z)dz$ と書くことにすると

$$\begin{aligned} w(z) &= Ce^{-mgz/k_\mathrm{B}T} \\ C^{-1} &= \lambda\{1-e^{-L/\lambda}\} \end{aligned} \tag{3.7}$$

C は z に無関係な定数であるから，$w(z)$ は

$$\boxed{e^{-E/k_\mathrm{B}T}} \tag{3.8}$$

という形の因子に比例していることになる．これをボルツマン因子と呼ぶ．(3.7) の場合には E は重力場中の分子のポテンシャル・エネルギー mgz であるが，実は絶対温度 T で熱平衡にある力学系がエネルギー E の状態に見出さ

れる確率は，一般にボルツマン因子(3.8)に比例するのである．これが統計力学のいちばん基本的な定理であり，ミクロな粒子の運動が古典力学にしたがうか量子力学にしたがうかには無関係に成立する定理である．

例題1 (3.7)で $g\to0$ の極限を考えよ．

[解] (3.4)により $\lambda\to\infty$, $\lambda\{1-\exp[-L/\lambda]\}\to\lambda(L/\lambda)=L$, したがって $w(z)\to L^{-1}$ である．これは z に無関係で，分子はどんな高さにも等しい確率で見出される．∎

ペランの実験 ペランは，気体の代りに，(比重が1より大きい)樹脂の粒を水に溶かしたコロイド溶液を使った．遠心分離をくりかえすことによって樹脂粒の分子量を約 10^9 にそろえる．樹脂粒は水分子の間にまぎれこんだ巨大粒子であり，まわりの水分子がたえず衝突するので不規則なブラウン運動をおこなう．このために樹脂粒は溶液全体に分布し，その密度はやはりボルツマン因子に比例して高さとともに変化する．

気体分子は真空中で熱運動をおこなうのにたいし，樹脂粒は水中で熱運動をおこなうという違いはある．水から浮力を受けるから，(3.4)の m の代りに，アルキメデスの原理により，有効質量 $m^*=m[1-(\rho_0/\rho)]$ を代入する．ρ, ρ_0 はそれぞれ樹脂および水の密度である．いずれにしても，m^* と m は同じ程度の大きさであり，樹脂粒の分子量が 10^9 程度であるから，m^* は気体分子の質量の 10^9 倍の程度である．λ は質量に逆比例するから，樹脂粒の場合，室温における値が $\lambda\cong10^{-9}\times10^5\,\mathrm{m}=10^{-4}\,\mathrm{m}$ となる．つまり，溶液の1滴を顕微鏡下におき，その内部で樹脂粒の密度が高さによって変化する様子を直接観察することができる．

ペランは樹脂粒の密度が高さによって指数関数的に変化することを確かめ，(3.7)と比較することによってボルツマン定数 k_B，あるいはアボガドロ数 $N_\mathrm{A}=R/k_\mathrm{B}$ の値を求めた．こうして決めた N_A の値は，ファラデー定数を素電荷の測定値で割った値とよく一致する．

問題

1. 密度 2.0×10^3 kg·m^{-3}, 半径 0.22 μm のコロイド粒子が水に溶けている. 高さの差 60 μm の2点での粒子濃度の比が 3.5 であったという. 温度 300 K としてボルツマン定数の値を求めよ.

3-3 古典力学の正準形式

　重力のような外力を受けて運動する1個の粒子に古典力学を適用するとき, ある時刻における粒子の位置と速度とがわかれば, それ以後(および以前)の位置と速度は運動方程式によって完全に決められてしまう. ロケットを月に命中させ, 電子にテレビ画像を描かせることができるのは, 古典力学のもつこの決定論的な性格のおかげである. マクロな物体をミクロな粒子の集まった力学系と見なしたときにも, 古典力学を仮定するかぎり事情は同じである. このことは, 運動方程式を正準形式に書いてみるとはっきりする.

　正準変数と相空間　はじめ x 軸上を運動する1個の粒子の場合について正準形式を説明しよう. 粒子の質量を m, 粒子に働く外力のポテンシャルを $U(x)$ とすると, 粒子のエネルギーは(2.30)であたえられる. 3-1節で述べたように, 正準形式では粒子の速度の代りに, これに質量 m を掛けた運動量

$$p_x = m\left(\frac{dx}{dt}\right) \tag{3.9}$$

を使う. 一般に系のエネルギーを粒子の位置および運動量の関数としてあらわしたものを, ハミルトン関数または**ハミルトニアン**(Hamiltonian)と呼ぶ. (2.30)の場合のハミルトニアンは

$$\boxed{H = \frac{1}{2m}p_x{}^2 + U(x)} \tag{3.10}$$

である.

　位置と運動量をあわせて, 粒子を記述するための正準変数と呼ぶ. その時間

的変化は正準運動方程式

$$\frac{dx}{dt} = \frac{\partial H}{\partial p_x}, \quad \frac{dp_x}{dt} = -\frac{\partial H}{\partial x} \tag{3.11}$$

であたえられる．これがニュートンの運動方程式と等価であることはすぐ確かめることができる．(3.10)をそれぞれ p_x および x で偏微分すると

$$\frac{\partial H}{\partial p_x} = \frac{1}{m} p_x, \quad \frac{\partial H}{\partial x} = \frac{\partial U}{\partial x} \tag{3.12}$$

この第1式を(3.11)の第1式に代入すると，運動量と速度の関係(3.9)がえられる．(3.9)と(3.12)の第2式とを(3.11)の第2式に代入すると，ニュートンの運動方程式がえられる．

例題1 ハミルトニアンが

$$H = \frac{1}{2m} p_x{}^2 + \frac{1}{2} m\omega^2 x^2 \tag{3.13}$$

の形の力学系を質量 m，角振動数 ω の**調和振動子**(harmonic oscillator)と呼ぶ．その正準運動方程式の解を求めよ．

［解］ (3.13)を(3.11)に代入して

$$\frac{dx}{dt} = \frac{1}{m} p_x, \quad \frac{dp_x}{dt} = -m\omega^2 x \tag{3.14}$$

解は

$$\begin{aligned} x(t) &= x(0)\cos\omega t + \frac{1}{m\omega} p_x(0)\sin\omega t \\ p_x(t) &= -m\omega x(0)\sin\omega t + p_x(0)\cos\omega t \end{aligned} \tag{3.15}$$

である．

この例からもわかるように，ある時刻(たとえば $t=0$)における正準変数の値がわかれば，すべての時刻における正準変数が決まってしまう．その意味で，古典力学的な状態は正準変数の値をあたえれば決まると考えることができる．

正準変数を直交座標とする多次元空間を**相空間**と呼ぶ．いま考えている直線上の1個の粒子の場合，相空間は x, p_x を直交座標とする2次元空間(平面)である(図3-3)．力学系の状態は相空間の1点で代表され，代表点は正準運動方

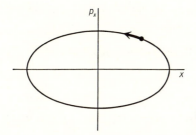

図 3-3 調和振動子の相空間.

程式(3.11)にしたがって相空間内に軌道(相軌道)をえがくと考えてもよい.

例題2 調和振動子の場合，(3.15)であたえられる相軌道は楕円であることを示せ.

[解] 当然のことながら(3.15)はエネルギー保存則

$$\frac{1}{2m}p_x^2(t)+\frac{1}{2}m\omega^2 x^2(t) = \frac{1}{2m}p_x^2(0)+\frac{1}{2}m\omega^2 x^2(0) \qquad (3.16)$$

を満足する. 右辺を E と書くと, これは xp_x 平面上で原点を中心とする楕円をあらわす方程式であり, x 軸および p_x 軸方向にそれぞれ長さ $[2E/m\omega^2]^{1/2}$ および $[2mE]^{1/2}$ の主軸(長軸または短軸)をもつ. ∎

粒子が3次元的に運動する場合も同様である. 粒子の位置座標を x, y, z とし, 運動量成分を p_x, p_y, p_z とする. ポテンシャル $U(x, y, z)$ の外力を受けて運動する粒子のハミルトニアンは

$$H = \frac{1}{2m}(p_x^2+p_y^2+p_z^2)+U(x,y,z) \qquad (3.17)$$

であり, 正準運動方程式は

$$\begin{aligned}\frac{dx}{dt} &= \frac{\partial H}{\partial p_x}, & \frac{dy}{dt} &= \frac{\partial H}{\partial p_y}, & \frac{dz}{dt} &= \frac{\partial H}{\partial p_z} \\ \frac{dp_x}{dt} &= -\frac{\partial H}{\partial x}, & \frac{dp_y}{dt} &= -\frac{\partial H}{\partial y}, & \frac{dp_z}{dt} &= -\frac{\partial H}{\partial z}\end{aligned} \qquad (3.18)$$

これがニュートンの運動方程式と等価であることは, 読者自身で確かめてほしい.

多粒子系の正準運動方程式 N 個の粒子をふくむマクロな物体を考え, n 番

目の粒子の位置座標を x_n, y_n, z_n, 運動量成分を p_{nx}, p_{ny}, p_{nz} と書く ($n=1,2,3, \cdots, N$). 座標に通し番号をつけて, $x_1=q_1$, $y_1=q_2$, $z_1=q_3$, $x_2=q_4$, $\cdots$, $z_N=q_s$ と書いてもよい. $s=3N$ は系の力学的自由度の数である. 同様に $p_{1x}=p_1$, $p_{1y}=p_2$, $\cdots$, $p_{Nz}=p_s$ と書く.

物体の古典力学的状態は $2s$ 個の正準変数 $q_1, q_2, \cdots, q_s, p_1, p_2, \cdots, p_s$ の値をあたえれば決まる. あるいは, $2s$ 次元の相空間の 1 点で代表されると考えてもよい. この代表点は正準運動方程式

$$\frac{dq_j}{dt} = \frac{\partial H}{\partial p_j}, \quad \frac{dp_j}{dt} = -\frac{\partial H}{\partial q_j} \tag{3.19}$$
$$j = 1, 2, \cdots, s$$

にしたがって相空間の中を動く. ハミルトニアン H は, 次のような形である.

$$H = \sum_{j=1}^{s} \frac{1}{2m} p_j^2 + U(q_1, \cdots, q_s) \tag{3.20}$$

右辺第 1 項は粒子の運動エネルギーの和であり, ここでは粒子がみな同じ質量 m をもつとしている. 一般には m を粒子ごとの質量でおきかえた表式になる. U は粒子に働く外力のポテンシャルおよび粒子が相互におよぼしあう力のポテンシャルの総和である.

粒子系の古典力学的状態は $q_1, \cdots, q_s, p_1, \cdots, p_s$ を直交座標とする $2s$ 次元相空間の点で代表され, 代表点は (3.19) にしたがって運動する. ある時刻における代表点の位置をあたえれば, すべての時刻における位置が決まってしまう. その意味では, マクロな力学系であっても, 古典力学的運動は決定論的である.

問　題

1. x 軸上の区間 $0 \leq x \leq L$ を往復運動している粒子がある. 区間の両端で粒子の運動量は大きさを変えずに符号だけが逆転する (弾性衝突). それ以外には粒子は自由に運動するものとする. 相空間 (xp_x 平面) 上での代表点の軌道は x 軸に平行な直線であり, この直線と x 軸にはさまれる領域の面積は $\sqrt{2mEL}$ であることを示せ. ただし, m は粒子の質量, E は運動エネルギーである.

2. 図 3-3 の楕円のかこむ面積を振動子のエネルギー E であらわせ.

3-4 古典統計力学の基本公式

　マクロな物体中の粒子の古典力学的運動が決定論的であるといっても，実は原理上のことにすぎない．$s=10^{20}$ というような巨大な自由度をもつ力学系の場合，ある時刻における正準変数の値をことごとく知ることは実際上不可能である．物体の力学的状態について，私たちはきわめて不完全な情報しかもちあわせていないので，統計力学はこれを確率概念の導入によって補うのである．

　この事情は，サイコロに確率論をあてはめるのに似ている．サイコロを投げるときのわずかな初期条件の違いが結果(たとえば偶数の目か奇数の目か)を大きく変える．私たちの指は，出る目を確実に予言できるほど精密に初期条件を制御できない(むしろ，なるべく制御不可能な方法で投げないと賭博はいかさまになる)．私たちは，どの目の出る確率も 1/6 だというような予言しかできないのである．

　標本空間　確率論は，標本空間というものをまず考え，この空間の各点の確率を定義することから話がはじまる．サイコロの場合なら，標本空間は6個の点の集合である．各点はサイコロの1から6までの目に対応し，たとえば 1/6 という確率があたえられている．その意味は，十分に多数回サイコロを投げたとき(または同じように作られたサイコロを多数用意して一斉に投げたとき)，たとえば1の目の出る場合の数は全体の 1/6 になるということである．これからも明らかなように，標本空間の各点の確率を加えあわせた全確率はかならず1に等しい．

　さて，ギブスがはじめて明らかにしたことであるが，古典統計力学の場合の標本空間は，対象とする力学系の相空間である．サイコロの場合の標本空間はとびとびの点の集合であるが，相空間の点は連続的に分布している．このために，確率の表現法もやや異なる．相空間のなかに仮りに流体が分布していると想像し，流体の濃淡によって確率の大小をあらわすのである．もっと正確にいえば，自由度 s の力学系の場合，その正準変数が q_1 と q_1+dq_1, …, q_s と q_s+

dq_s, p_1 と p_1+dp_1, …, p_s と p_s+dp_s の間にそれぞれ見出される確率を

$$\rho(q_1, \cdots, q_s, p_1, \cdots, p_s)dq_1\cdots dq_s dp_1\cdots dp_s \equiv \rho(q,p)dqdp \tag{3.21}$$

と書き，ρ を**確率密度関数**と呼ぶ．(3.21)の右辺は，$2s$ 個の正準変数をいちいち書くのがめんどうな場合の略記法である．

(3.21)を相空間全体で加えあわせた(数学的にいえば積分した)全確率は 1 に等しい．

$$\iint \rho(q,p)dqdp = 1 \tag{3.22}$$

この式の左辺も，本当は $2s$ 個の正準変数についての積分である．(3.22)を ρ の**規格化条件**(normalization condition)と呼ぶ．

力学系の物理量は，たとえばエネルギーがハミルトニアン(3.20)であらわされるように，一般に相空間の各点で定義された関数 $A(q_1, \cdots, q_s, p_1, \cdots, p_s) \equiv A(q,p)$ であらわされる．このような物理量の平均値(期待値)を $\langle A \rangle$ と書くことにする．$\langle A \rangle$ は確率(3.21)に物理量の値 $A(q,p)$ を掛け，相空間全体で加えあわせた(積分した)ものに等しい．

$$\langle A \rangle = \iint A(q,p)\rho(q,p)dqdp \tag{3.23}$$

基本公式 絶対温度 T の恒温槽にひたされて熱平衡にある力学系の場合，ギブスによると確率密度関数は次の表式であたえられる．

$$\boxed{\rho(q,p) = \frac{1}{Z}e^{-\frac{1}{k_B T}H(q,p)}} \tag{3.24}$$

H はかりに力学系が孤立しているとしたときの力学系のハミルトニアンであり，Z は規格化条件(3.22)で決まる定数である．

$$Z = \iint e^{-\frac{1}{k_B T}H(q,p)}dqdp \tag{3.25}$$

つまり，(3.24)は ρ がボルツマン因子(3.8)に比例することを示しているわけで，その意味では読者諸君がすでに知っていることである．

ところで，恒温槽というのは，そこにひたされている力学系にくらべるとは

るかに大きい自由度をもつ系であれば何でもよい(恒温槽とそこにひたされている力学系の間にはごく弱い相互作用を通じてエネルギーのやりとりがあるが,その大きさは力学系自身のエネルギーにくらべて無視できるものとする).もちろん,恒温槽は実験室にある普通の意味での恒温槽であって,その中にひたされたマクロな固体に(3.24)を適用してもよい.この場合の H は固体のふくむ 10^{22} 個もの原子全体のエネルギーをあらわす.

しかしまた,希薄気体中の1個の分子に注目し,残りの気体分子全体を注目した分子にたいして恒温槽と見なすこともできる.つまり,(3.24)を1個の気体分子に適用するのであって,H はその分子のエネルギーをあらわすハミルトニアンである.このような見方は,分子が相互におよぼしあう力の効果,つまり**分子間相互作用**(intermolecular interaction)が無視できるほど希薄な気体にのみ有効である.分子間相互作用が無視できない濃厚な気体では,(3.24)を気体全体にたいし適用する.この場合の H は気体の全エネルギーをあらわし,分子が相互におよぼしあう力のポテンシャルをふくんでいる.

例題1 共通の恒温槽に2つの力学系1,2がひたされているが,両者の間に直接の相互作用はないものとする.系1の正準変数をまとめて q', p' と略記し,系2の正準変数をまとめて q'', p'' と略記する.系1と系2とをあわせて1つの力学系と見なし,(3.24)を適用する.このとき $\rho = \rho_1(q', p') \times \rho_2(q'', p'')$ の形になることを示し,系1の物理量 $A_1(q', p')$ の平均値をあらわす表式を書け.

[解] 指数関数の基本性質 $e^{x+y} = e^x \times e^y$ を応用すればよい.2つの系の間に直接の相互作用はないのであるから,全系のハミルトニアン H はそれぞれの系のハミルトニアン H_1, H_2 の単純な和に等しい.

$$H = H_1(q', p') + H_2(q'', p'') \tag{3.26}$$

これを(3.24)に代入すると

$$e^{-\frac{1}{k_B T}(H_1 + H_2)} = e^{-\frac{H_1}{k_B T}} \times e^{-\frac{H_2}{k_B T}} \tag{3.27}$$

$$\int \cdots \int e^{-\frac{1}{k_B T}(H_1 + H_2)} dq' dp' dq'' dp''$$

$$= \iint e^{-\frac{H_1}{k_B T}} dq' dp' \times \iint e^{-\frac{H_2}{k_B T}} dq'' dp'' \tag{3.28}$$

と因数分解する．つまり

$$\rho = \rho_1(q',p') \times \rho_2(q'',p'') \tag{3.29}$$

であり，ρ_1, ρ_2 はそれぞれ(3.24), (3.25)の H を H_1, H_2 でおきかえた表式であたえられる．系1の物理量 $A_1(q',p')$ の平均値についても

$$\langle A_1 \rangle = \int \cdots \int A_1(q',p')\rho_1(q',p')\rho_2(q'',p'')dq'dp'dq''dp''$$

$$= \iint A_1(q',p')\rho_1(q',p')dq'dp' \tag{3.30}$$

ただし ρ_2 の規格化条件を利用した．結局，ハミルトニアンが(3.26)のように独立な項の和であるときには，他方の系の存在を忘れて，はじめから一方の系に(3.24)を適用すればよいことがわかる．■

3-5 マクスウェル分布

希薄気体に(3.24)を応用しよう．話を簡単にするために，ヘリウムやネオンのように分子を形成する能力のない不活性原子でできた気体を考える．(3.24)の H は1個の原子のハミルトニアンであり，(3.17)の形をもつ．m は原子の質量，U は原子に働く外力（たとえば重力）のポテンシャルである．

このハミルトニアンは，運動量のみふくむ運動エネルギーと位置のみふくむポテンシャル・エネルギーの和であり，形は(3.26)と同じである．したがって，確率密度関数も(3.29)と同様に因数分解する．これを

$$\rho(\boldsymbol{r},\boldsymbol{p}) = w(\boldsymbol{r}) \times f(\boldsymbol{p}) \tag{3.31}$$

と書こう．

$w(\boldsymbol{r})$ は原子の位置ベクトル $\boldsymbol{r}=(x,y,z)$ の確率密度関数であり，(3.24), (3.25)の H をポテンシャル U でおきかえたものであたえられる．

3-5 マクスウェル分布

$$w(\mathbf{r}) = \frac{1}{Z_r} e^{-\frac{U(r)}{k_B T}}$$
$$Z_r = \iiint e^{-\frac{U(r)}{k_B T}} dxdydz \tag{3.32}$$

例題1 重力ポテンシャル $U=mgz$ の場合の(3.32)を書け．気体は断面積 S, 鉛直方向の高さ L の円筒形容器につめてあるとする．

[解] この場合，(3.4)の λ を使って

$$Z_r = \iiint e^{-\frac{mgz}{k_B T}} dxdydz = S\int_0^L e^{-z/\lambda} dz$$
$$= S\lambda\{1-e^{-L/\lambda}\}$$

だから，w は(3.7)を S で割ったものになる．なお，$g\to 0$ とすると，$Z_r \to V$ であることに注意しておこう．ただし，$V=SL$ は気体の体積である．▎

マクスウェル分布 (3.31)の $f(\mathbf{p})$ は運動量 $\mathbf{p}=(p_x, p_y, p_z)$ の確率密度関数であり，(3.24), (3.25)の H を運動エネルギー($p^2/2m$)でおきかえたものであたえられる．$p=[p_x{}^2+p_y{}^2+p_z{}^2]^{1/2}$ は運動量の大きさである．

$$f(\mathbf{p}) = \frac{1}{Z_p} e^{-\frac{p^2}{2mk_B T}} \tag{3.33}$$

$$Z_p = \iiint e^{-\frac{p^2}{2mk_B T}} dp_x dp_y dp_z \tag{3.34}$$

気体は N 個の原子をふくむとし，かりにその運動量の一斉調査をおこなったものとしよう．運動量成分 p_x, p_y, p_z を直交座標とする3次元空間——**運動量空間**(momentum space)を考え，各原子の運動量をこの空間の1点で代表させることにすると，N 個の代表点が運動量空間に分布する．運動量成分がそれぞれ p_x と p_x+dp_x, p_y と p_y+dp_y, p_z と p_z+dp_z の間にある原子数(つまり代表点が図3-4の小さな立方体にふくまれる原子数)は $Nf(\mathbf{p})dp_x dp_y dp_z$ であたえられる．これに(3.33)を代入したものを，発見者にちなんで，運動量の**マクスウェル分布**と呼ぶ．

$p^2=p_x{}^2+p_y{}^2+p_z{}^2$ を(3.33)に代入すると，運動エネルギーは独立な3つの項の和になり，指数関数は3つの因子の積になる．

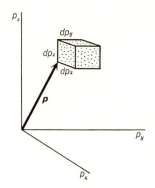

図 3-4 運動量空間.

$$f(\boldsymbol{p}) = \phi(p_x)\phi(p_y)\phi(p_z) \tag{3.35}$$

ただし

$$\phi(p_x) = C e^{-\frac{p_x^2}{2mk_BT}} \tag{3.36}$$

$$C^{-1} = \int_{-\infty}^{\infty} e^{-\frac{p_x^2}{2mk_BT}} dp_x \tag{3.37}$$

$\phi(p_x)dp_x$ は運動量の x 成分が p_x と p_x+dp_x の間に見出される確率である.

例題 2 (3.37) であたえられる規格化因子 C は T の平方根に逆比例することを示せ.

［解］ (3.37) の積分変数を $p_x=[2mk_BT]^{1/2}\xi$ によって ξ に変換すると

$$C^{-1} = [2mk_BT]^{1/2}\int_{-\infty}^{\infty} e^{-\xi^2}d\xi \tag{3.38}$$

右辺の積分はただの数値で, 数学公式集によると $\sqrt{\pi}$ に等しい. ∎

この結果を (3.35) に代入すると

$$\boxed{f(\boldsymbol{p}) = [2\pi mk_BT]^{-3/2} e^{-\frac{p^2}{2mk_BT}}} \tag{3.39}$$

これを速度の大きさと方向の確率分布に変換してみよう. 図 3-5 のように運動量空間の極座標 θ, ϕ を導入して

$$p_x = p\sin\theta\cos\phi, \quad p_y = p\sin\theta\sin\phi, \quad p_z = p\cos\theta$$

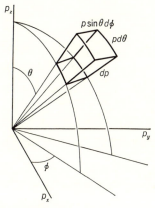

図 3-5 運動量空間の極座標.

とすると,運動量空間の体積素片は

$$dp \times pd\theta \times p\sin\theta d\phi = p^2 dp d\Omega \tag{3.40}$$

$$d\Omega = \sin\theta d\theta d\phi \tag{3.41}$$

$d\Omega$ は図 3-5 の微小角錐が単位球面(原点を中心とする半径1の球面)から切りとる面積であって,**立体角素片**と呼ばれる(単位円周上の弧の長さで平面上の角度を測るのに対応する).速度の大きさvを使って$p=mv$と書けば,$dp_x dp_y dp_z = m^3 v^2 dv d\Omega$ である.

さて,速度の大きさがvと$v+dv$の間にあり,その方向が立体角素片$d\Omega$の中にある原子数を$Ngdvd\Omega$と書くと,これは一方では$Nfdp_x dp_y dp_z$に等しいのであるから,(3.39)により

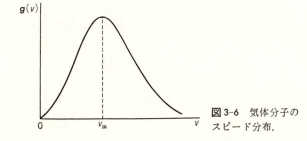

図 3-6 気体分子のスピード分布.

熱中性子

　マクスウェル分布の面白い例として熱中性子(thermal neutron)がある．原子炉の内部では原子核反応によって高速の中性子が発生するが，重水(D_2O)のような減速剤の原子と衝突をくり返すうちに熱平衡に達し，ほぼマクスウェル分布にしたがう速度をもつようになる．これを熱中性子とよぶのである．中性子の質量はおよそ 10^{-27} kg であるから，$T=300$ K として，図3-6の v_m は 10^3 m·s^{-1} 程度のスピードになる．この図を検証するには，飛行時間(time of flight)法を利用すればよい．下図のように原子炉の穴から洩れる中性子の数を計数管でカウントするのだが，間に2重シャッターをおく．各シャッターは短時間だけ開いて中性子の通過をゆるすが，2つが開く時刻に時間差がつけてあって，ちょうどこれにマッチしたスピードで走る中性子だけが妨害されずに計数管に達する．時間差から中性子のスピードがわかり，カウント数からそのスピードをもった中性子の数がわかるので，図3-6のグラフをチェックできる．この飛行時間法は，交差点の青信号を法定速度にあわせた時差で点滅させるのと同じ理屈である．

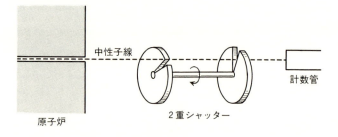

$$g(v) = \left[\frac{m}{2\pi k_B T}\right]^{3/2} v^2 e^{-\frac{mv^2}{2k_B T}} \tag{3.42}$$

これは v が $v_m = [2k_B T/m]^{1/2}$ に等しいときに最大である(図3-6).

問 題

1. $T=300$ K とし, m としてそれぞれ電子, 中性子, 水素分子, 酸素分子の質量を代入したときの $[2k_B T/m]^{1/2}$ を求めよ.

3-6 気体の比熱と圧力

前節に引き続き不活性気体を考える. 平均値(3.23)の例として, 原子の運動エネルギーの平均値を計算してみよう. x 軸方向の運動にともなう運動エネルギーの平均値は(3.36)に $(p_x^2/2m)$ を掛けて積分すればえられる. この積分を(3.38)の場合と同じように変数変換して

$$\left\langle \frac{p_x^2}{2m} \right\rangle = C \int_{-\infty}^{\infty} \frac{p_x^2}{2m} e^{-\frac{p_x^2}{2mk_B T}} dp_x$$

$$= C[2mk_B T]^{1/2} k_B T \int_{-\infty}^{\infty} \xi^2 e^{-\xi^2} d\xi$$

2行目の積分は, 数学公式集によると, (3.38)の積分の1/2に等しい. したがって

$$\boxed{\left\langle \frac{p_x^2}{2m} \right\rangle = \frac{1}{2} k_B T} \tag{3.43}$$

この結果は, 実はいま考えている気体にかぎらず, 液体でも固体でも成立する**古典統計力学の一般的な結論**である.

例題1 (3.43)が一般に成立することを証明せよ.

[解] N 個の粒子をふくむ物体の全エネルギーをあらわすハミルトニアンは(3.20)の形をもつ($s=3N$). これを1番目の粒子の x 軸方向の運動にともなう運動エネルギー $(1/2m)p_1^2$ と残りの部分(これは p_1 をふくまない)との和と見なせば(3.26)の形であり, 公式(3.30)により $(1/2m)p_1^2$ の平均値は希薄気体の

ときと同じ表式で計算してよい.

y 軸, z 軸方向の運動についても同様であって, 公式

$$\left\langle \frac{p^2}{2m} \right\rangle = \frac{3}{2} k_B T \tag{3.44}$$

が1個の粒子の平均運動エネルギーをあたえる. N 個の粒子をふくむ物体の場合, 全運動エネルギーは

$$E_{\text{kin}} = \frac{3}{2} N k_B T \tag{3.45}$$

不活性気体の比熱 不活性原子でできた希薄気体の場合, 気体の全エネルギーは原子の運動エネルギーの和に等しいと考えられる(重力その他の外力は無視できるものとする). したがって温度 T における値は(3.45)であたえられることになる.

気体の体積を一定に保ったまま熱量を加えると, 気体のエネルギーの増加は加えた**熱量**に等しく, これを温度上昇で割ったものを定積比熱 C_v と呼ぶ.

$$C_v = \left(\frac{\partial E}{\partial T} \right)_V \tag{3.46}$$

右辺の記号は, E を T と V の関数と見なし, V を一定に保って T で微分することを意味する. (3.45)を(3.46)に代入すると, 不活性希薄気体の定積比熱として

$$C_v = \frac{3}{2} N k_B \tag{3.47}$$

がえられる. 実際, 不活性希薄気体の定積比熱を測定してみると, 気体の種類にも温度にも無関係に1モルあたり 12.47 JK^{-1} という値がえられる. これは気体定数 $R = N_A k_B$ のほぼ1.5倍であり, (3.47)と一致する.

希薄気体の圧力 気体の圧力は, 第1章で述べたように, 気体を構成する粒子(分子または原子)が容器の壁に衝突してはね返されるときの反作用によって生ずる. 図3-7のように, 容器の壁は x 軸に垂直であるとし, 壁の表面にマクロな大きさの面積 S (たとえば1cm²)の円を考え, ある時間 Δt の間にこの円に衝突する粒子に注目する. ただし, 時間 Δt の長さは, これに図3-6の v_m を掛

けたものがマクロな長さとなるよう(たとえば $\Delta t \cong 10^{-2}$ s)にえらんでおく.

運動量 p の粒子が壁に弾性衝突してはね返されるものとしよう.ただし,速度の x 軸方向の成分 p_x/m が正,つまり壁にむかって飛んでいる粒子を考える.運動量の x 成分は衝突によって p_x から $-p_x$ に変わり,y 成分,z 成分は不変である.つまり,運動量の x 成分の大きさが,壁との衝突によって $p_x-(-p_x)$ $=2p_x$ だけ変化する.

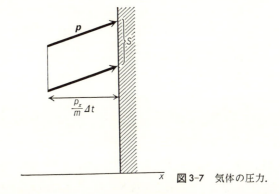

図 3-7 気体の圧力.

図 3-7 のように,円 S を底面の 1 つとし,運動量ベクトル p に平行な側面と高さ $(p_x/m)\Delta t$ をもつ斜筒を考えると,ある時刻にこの斜筒内にあり,運動量成分がそれぞれ p_x と p_x+dp_x,p_y と p_y+dp_y,p_z と p_z+dp_z の間にある粒子は,それから Δt 時間内に底面 S に衝突する.このような粒子の数は,粒子が容器内に一様な確率で分布しているとすると,N に確率(3.31)を掛けて

$$\Delta N = N \frac{\Delta V}{V} f(\mathbf{p}) dp_x dp_y dp_z \tag{3.48}$$

N は気体のふくむ全粒子数,$\Delta V = S(p_x/m)\Delta t$ は斜筒の体積,V は気体の全体積,$f(\mathbf{p})$ はマクスウェル分布(3.39)である.いまは重力を無視するので,粒子は容器内に一様な確率密度で分布し,(3.31)の w は V^{-1} に等しい.(3.48)の $\Delta V/V$ は粒子が斜筒の中に見出される確率である.

各粒子が S との衝突によって受ける運動量変化の大きさ $2p_x$ を(3.48)に掛け,p_x について 0 から $+\infty$ まで,p_y, p_z について $-\infty$ から $+\infty$ まで積分す

ると，Δt 時間内に S との衝突によって気体の受ける運動量変化の大きさがえられる．これを Δp_x と書くと

$$\Delta p_x = N\left(\frac{S}{V}\right)\Delta t \int_0^{+\infty} dp_x \int_{-\infty}^{+\infty} dp_y \int_{-\infty}^{+\infty} dp_z \frac{2p_x^2}{m} f(\boldsymbol{p})$$

$$= N\left(\frac{S}{V}\right)\Delta t \int_{-\infty}^{+\infty} dp_x \int_{-\infty}^{+\infty} dp_y \int_{-\infty}^{+\infty} dp_z \frac{p_x^2}{m} f(\boldsymbol{p})$$

$$= N\left(\frac{S}{V}\right)\Delta t \left\langle \frac{p_x^2}{m} \right\rangle \tag{3.49}$$

第2行目に移るときに，被積分関数が p_x の偶関数であることを利用して積分領域を $-\infty$ から $+\infty$ までとし，その代りに2で割った．第3行目は，$f(\boldsymbol{p})$ が運動量空間の確率密度であることと，これについての平均値の定義式とを使った．

さて，ニュートンの運動方程式によると，$\Delta p_x/\Delta t$ は気体が壁の一部 S から受ける力の大きさを Δt 時間にわたって時間的に平均したものであり，作用・反作用の法則により，気体が S におよぼす力の大きさを Δt 時間にわたって時間平均したものに等しい．これを面積 S で割ったものが気体の壁におよぼす圧力 P であると考えると

$$P = \frac{2N}{V}\left\langle \frac{p_x^2}{2m} \right\rangle = \frac{N}{V}k_B T \tag{3.50}$$

ただし，(3.43)を代入した．(3.50)は第1章で述べた希薄気体の状態方程式にほかならない．

問　題

1. 希薄気体の圧力を一定に保って加熱する場合の比熱 C_p（定圧比熱）と定積比熱 C_v の間には

$$C_p = C_v + Nk_B$$

の関係があることを示せ．

ヒント：圧力一定の場合には加熱にともなって体積が膨張し，外部に仕事がなされることに注意してエネルギー保存則を適用せよ．

3-7 固体の比熱

　私たちのまわりにある物質は，低温になるにしたがって気体から液体になり，さらに液体から固体になる．絶対零度では，すべての物質が固体として存在するのではないだろうか？　古典統計力学によれば，答はイエスである．

　まず，絶対温度 T で熱平衡にある物体を考えると，エネルギーが E である力学的状態の出現確率はボルツマン因子(3.8)に比例する．この因子は E/T が増大すると急激に0になることに注意すると，T が0に近づくにしたがって，より低いエネルギーをもつ状態の出現確率が相対的に大きくなり，$T=0$ で物体は最低エネルギー状態に落ちこむことがわかる．

　ところで，物体のエネルギーはこれを構成する原子の運動エネルギーとポテンシャル・エネルギーの和であるが，古典統計力学によれば運動エネルギーは(3.45)であたえられ，$T=0$ で最小値0をとる．つまり，物体中の原子は絶対零度ですべて静止していることになる．原子の静止する位置は，ポテンシャル・エネルギーが極小であるという平衡条件で決められる．2-7節で注意しておいたように，一般に力学系が安定な平衡位置付近でおこなう運動は調和振動であるから，すくなくとも絶対零度に近い低温では，物体中の原子はそれぞれの平衡位置付近で振動しているはずである．これは物体が固体であることを意味する．

　ところが，現実には**不凍物質**が存在する．気体ヘリウム(正確には同位体 ^{4}He)は大気圧下 4.2 K で液体になるが，液体ヘリウムをいくら冷しても固体にならない．この事実を古典統計力学によって説明することは明らかに不可能である．

　実は通常の固体でも，比熱(3.46)の値について，古典統計力学の結論は実験事実とくい違うのである．古典統計力学によれば，固体の比熱は温度に無関係であって1モルあたり気体定数の3倍に等しいはずである．一方，測定値は比較的高温でこの古典的な値と一致するけれども，低温になると減少をはじめ，

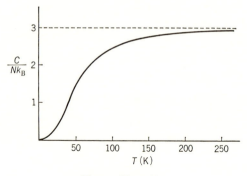

図 3-8 銀の比熱.

$T \to 0$ で 0 になる(図 3-8).

アインシュタイン・モデル 固体内原子の振動を扱う場合,もっとも単純な近似は,原子がたがいに独立に,しかし同じ角振動数 ω で単振動すると考えることであり,これを**アインシュタイン・モデル**と呼ぶ.

いま原子は x 軸方向に振動しているとすると,振動のエネルギーをあらわすハミルトニアンは,原子の質量を m として,(3.13)の形になる.これも(3.26)の形であるから,運動エネルギーとポテンシャル・エネルギーの平均値をそれぞれ独立に計算することができる.運動エネルギーの平均値はもちろん(3.43)であたえられる.ポテンシャル・エネルギーの平均値も同様に計算され

$$\left\langle \frac{1}{2} m\omega^2 x^2 \right\rangle = \frac{1}{2} k_B T \tag{3.51}$$

がえられる(読者みずから確かめよ).

(3.43)に(3.51)を加えて,振動エネルギーの平均値は

$$\left\langle \frac{1}{2m} p_x^2 + \frac{1}{2} m\omega^2 x^2 \right\rangle = k_B T \tag{3.52}$$

原子は y 軸方向,z 軸方向にも振動できるから,1原子あたりの振動エネルギーの平均値は $3k_B T$ となる.したがって N 個の原子をふくむ固体の場合,原子振動のエネルギーは

$$E = 3Nk_B T \tag{3.53}$$

これを(3.46)に代入して，原子振動による固体の比熱は

$$C_v = 3Nk_B \qquad (3.54)$$

これが古典統計力学の結論であるが，図3-8に示したように，比熱の測定値とは比較的高温でのみ一致するのである．

問　題

1. 固体内原子の振動の角振動数 ω は 10^{13} s^{-1} 程度の大きさであるという．$m \cong 10^{-26}$ kg，$T \cong 10^2$ K として(3.51)から $\sqrt{\langle x^2 \rangle}$ を Å 単位で求めよ．

量子論の誕生

固体壁で包囲された空洞内の電磁振動も，固有振動という概念の導入により古典統計力学の対象とすることができる．その結果，空洞の比熱はあらゆる温度で無限大であることがわかり，この困難を救うものとして量子という概念が発見されるのである．

4-1 序論

　第3章で述べたように，統計力学は物質粒子の熱運動を対象として発展したのであるが，19世紀末になると，**電磁場の熱振動**が対象として加えられることになった．固体の比熱の場合には，古典論と実験事実との不一致は極低温でのみ現われ，しかもくい違いは有限な大きさにとどまった．ところが，電磁場の熱振動の場合には，古典論と実験事実との不一致はあらゆる温度であらわれ，くい違いは無限大であることが明らかになった．量子という概念は，この困難を克服しようとする努力の過程で，プランク(M. Planck)によって発見されたのである(1900年).

　第1章で述べたとおり，物質粒子と電磁場とは真空にエネルギーを蓄える2つの異なった形態であるから，物質粒子に熱運動があるのなら，電磁場にも熱運動があってふしぎでない．実際，高温の物体が光を放射し，温度が高いほど光の波長が短くなることは，**熱放射**(thermal radiation)としてよく知られている．さほど高温でない物体でも，赤外線を放射する．いずれにしても，物体をとりまく空間の電磁振動の状態が温度によって変化するのであって，つまり電磁場が熱振動をおこなうことの証拠である．

　19世紀末には，白熱電灯が発明され，なるべく明るいフィラメント材料が求められた．また，製鉄業の発展にともなって，熔鉱炉の温度を炎の色によって推定することが必要であった．このような工業技術からの問題提起が，一見抽象的な電磁場の熱振動に関する基礎研究を刺戟したのである．

　熱放射の定量的な実験は，空洞を使っておこなわれた．空洞は現在でもマイクロ波回路の一部に使われる．この場合は，銅のような電気伝導のよい壁でかこまれた空っぽの空間にマイクロ波を送りこみ，その電磁エネルギーを蓄えるのである．一方，この章で問題にする熱放射の実験では，空洞の壁を1000Kあるいはそれ以上の高温に保つ．空洞内部には，赤外部あるいは可視部の波長をもった熱的な電磁振動のエネルギーが存在し，空洞の壁を作っている原子の

熱振動と熱平衡を保っているのである．

電磁振動を統計力学の対象とするためには，その運動方程式を粒子系の場合と同様に正準形式に書く必要がある．これは**固有振動**（ドイツ語で Eigenschwingung．ノーマル・モード normal mode，規準振動ともいう）という概念の導入によって可能になる．

4-2 キルヒホッフの法則

物体の熱放射の強度は，エミッタンスという量であらわされる．波長が λ と $\lambda+d\lambda$ の間にある電磁波という形で物体が単位表面積（$1\,\mathrm{m}^2$）あたり単位時間（$1\,\mathrm{s}$）に放出するエネルギーを $J_\lambda d\lambda$ と書き，J_λ をエミッタンスと呼ぶのである．その値は波長 λ，温度 T に依存するだけでなく，物質の種類（および物体の表面状態）によっても異なる．図 4-1 の曲線 A, B は 2 つの異なる物質について，同一温度におけるエミッタンスを波長の関数として描いたものである．以下示すように，J_λ には上限（図 4-1 の点線 C）があって，どんな物質をえらんでもこれを超えることは不可能である．

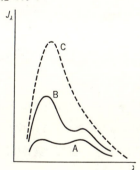

図 4-1　エミッタンス．

キルヒホッフの法則　太陽光線を分光器にかけると，明るい連続スペクトルの中に多数の暗線（フラウンホーファ線）が観測される．高温の太陽表面にある原子の発する光を，太陽をとりまく低温の蒸気中にある同種の原子が吸収するために，スペクトル線が暗転するのである．このことを地上での実験によって

実証したのはキルヒホッフであるが,その際,明るい輝線ほど吸収によって濃い暗線となることに気づいた.物質の光を放出する能力と吸収する能力の間に比例関係があるにちがいないと予想し,熱力学的考察によって証明したのが,次に述べるキルヒホッフの法則である.

まず,空洞の壁を一定温度に保つと考えよう.壁は空洞内部にむかって電磁波を放出し,また吸収もするが,はじめは,放出するエネルギーの方が同一時間に吸収するエネルギーより大きく,空洞内の電磁場の温度は上昇する.しかし,やがて壁の温度と等しくなって熱平衡が成立する.この事情は2つの固体を接触させた場合と同様である.

次に,空洞の壁に小さな穴をあけたと考える.穴から洩れてくる電磁波(高温なら可視光)を**空洞放射**とよぶ.これを分光器にかけてみると,図4-2のようなスペクトルがえられる.ただし,穴の単位面積あたり単位時間に洩れてくる電磁波のエネルギーのうちで,波長がλと$\lambda+d\lambda$の間にあるものを$I_\lambda d\lambda$とする.この定義をエミッタンスの定義と比較してみると,空洞の壁にあけた小さな穴を外から見るとき,穴のエミッタンスはI_λであることがわかる.I_λは熱平衡にある電磁場の特性をあらわす量であり,波長と温度に依存するが,空洞の壁を作っている物質の種類には無関係なのである.この事情は,図4-3のように,空洞内部に物体を吊しても,熱平衡にあるかぎり変わらない.

吊した物体には,たえず電磁波がふりそそぐ.物体の単位表面積あたり単位時間に入射してくる電磁波のうち,波長がλと$\lambda+d\lambda$の間にあるもののエネルギーは,上に定義した$I_\lambda d\lambda$に等しい.この入射エネルギーのうち,物体は$A_\lambda I_\lambda d\lambda$を吸収し,残りは反射するものとしよう(物体は不透明で電磁波の透過はないと考える).A_λは吸収率であり,温度と波長に依存するだけでなく,物質の種類によっても異なる.

物体を吊している糸を通しての熱伝導は無視してよいとすると,熱平衡を保つためには,単位表面積あたり単位時間に放出される電磁エネルギー$J_\lambda d\lambda$と吸収される電磁エネルギー$A_\lambda I_\lambda d\lambda$とは等しいことが必要である.よって

$$J_\lambda = A_\lambda I_\lambda \tag{4.1}$$

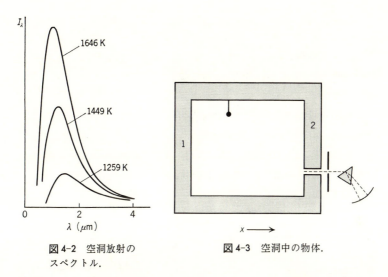

図 4-2　空洞放射の
スペクトル.

図 4-3　空洞中の物体.

となり, 比 J_λ/A_λ は物質の種類には無関係であり, 波長と温度だけで決まる. これがキルヒホッフの法則である.

黒体と空洞　吸収率 A_λ は 0 と 1 の間にあるから, (4.1)により, $J_\lambda < I_\lambda$ である. つまり, 一般の物体のエミッタンスは, 空洞の穴を外から見たときのエミッタンス I_λ を超えることはない. 図 4-1 の曲線 C は, 同じ温度における図 4-2 の曲線と実は同じである.

かりに $A_\lambda \to 1$ の極限, つまり入射電磁波をことごとく吸収してしまう物体があるとすれば, そのエミッタンスは理論上可能な最高値 I_λ をもつことになる. この理想化された物体を**黒体**(black body)とよぶ.

黒体は実在しないが, 上に述べたように, 空洞にあけた小さな穴を外から見ると, そのエミッタンスは I_λ であり, 黒体のエミッタンスに等しい. 実際, 空洞の外からその穴に光をあてると, 一度穴を通って空洞内にはいった光は, 内壁で反射・吸収をくりかえし, ふたたび穴を通って空洞の外にもどるチャンスはほとんどない. 外から見た空洞の穴は, 黒体表面と等価である.

問 題

1. 図4-3の空洞はエミッタンス J_λ, 吸収率 A_λ の不透明な壁でできている. 壁から図の x 軸に平行に放出された光が, x 軸に垂直な2枚の壁でくり返し反射・吸収される効果を考える.

$+x$ 軸方向へ進む電磁波のうち, 波長が λ と $\lambda+d\lambda$ の間にあるものの運ぶエネルギーを単位面積・単位時間あたり $W_\lambda d\lambda$ と書く.

(i) 左側の壁1から放出され, 1回も反射されない電磁波から W_λ への寄与は J_λ, 壁1と壁2で1回ずつ反射されたものからの寄与は $(1-A_\lambda)^2 J_\lambda$, … である. これらの総和 $W_\lambda^{(1)}$ を求めよ.

宇宙の温度

1964年米国ベル電話研究所のペンジアス(A. Penzias)とウィルソン(R. W. Wilson)は, 高性能電波望遠鏡のノイズ・テストをしているうちに, 宇宙の各方向から同じ強さでふりそそいで来るマイクロ波があることを発見した. 強度の振動数依存性が温度約3Kのプランクの放射式と一致することから, これは膨脹宇宙論で理論的に予想されていた宇宙の熱放射であることが明らかになった.

膨脹宇宙論は1940年代にガモフ(G. Gamow)やベーテ(H. Bethe)が提唱したものであって, 宇宙は約150億年前の大爆発(big bang)から始まったと考える. 高温・高密度の火の玉状態から膨脹による冷却を現在まで続けてきたというのである. この理論によると, 昔光り輝いていた宇宙も, 現在では数Kの極低温に冷えこんでいるはずで, このことが3K熱放射の発見で確かめられたというわけである.

(ii) 右側の壁2から放出され，壁によって奇数回反射されたものからの W_λ への寄与 $W_\lambda^{(2)}=(1-A_\lambda)J_\lambda+\cdots$ を求めよ．

(iii) $W=W_\lambda^{(1)}+W_\lambda^{(2)}$ は黒体のエミッタンスと一致することを示せ．

4-3 固有振動と固有値問題

　熱放射に関するいちばん基本的な課題は，図4-2のスペクトルの波長および温度依存性を明らかにすることである．理論的には，固体内原子の熱振動の場合と同様に，空洞内の熱的電磁振動に統計力学的考察を加えることになる．それには，電磁振動の運動方程式を正準形式に書いておく必要がある．電磁場の運動はマクスウェル方程式にしたがうのであってニュートンの運動方程式にしたがうわけではないが，4-1節で指摘しておいたように，固有振動という概念の導入によって電磁振動を正準運動方程式で記述することが可能になる．

　しかし，はじめから電磁振動を考えるとわかりにくいので，弦の固有振動から話をしよう．これは弦楽器とともに古くから知られていた問題である．

　弦の固有振動　長さ L の弦を x 軸に沿って張り，両端を $x=0$ と $x=L$ とで固定し，y 軸方向に横振動させる．ここではマクロな弾性論の立場をとることにし，弦が原子的構造をもつことを無視して質量は連続的に分布していると考える．点 x, 時刻 t に弦は y 軸方向に $y=\phi(x,t)$ だけ変位しているとする（図4-4）．これは音波の伝播を記述する波動方程式

$$\frac{\partial^2 \phi}{\partial t^2}=c_s^2 \frac{\partial^2 \phi}{\partial x^2} \tag{4.2}$$

にしたがって運動する．c_s は音波が弦を伝播する速さである．実際，第1章でも述べたとおり，(4.2)の型の波動方程式には，$+x$ 軸方向に速さ c_s で伝播する進行波をあらわす解がある．

$$\phi(x,t)=a\sin(kx-\omega t-\alpha) \tag{4.3}$$

定数 a の絶対値が振幅，α が位相定数，$\lambda=(2\pi/k)$ が波長（$k>0$ とする），角振動数 ω は

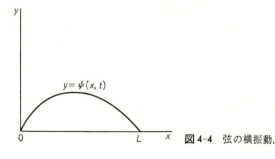

図4-4 弦の横振動.

$$\omega = c_s k \tag{4.4}$$

であたえられる. 一定の t にたいし, $\phi(x,t)=0$ を満足する点 x を節（フシ node）と呼ぶことにすると, (4.3)の節（たとえば $kx-\omega t-\alpha=0$ を満足する x) は $+x$ 軸方向に速さ c_s で動くから, (4.3)のままでは弦の両端が固定されているという境界条件

$$\phi(0,t) = 0, \qquad \phi(L,t) = 0 \tag{4.5}$$

を満足することができない.

境界条件を満足させるためには, $-x$ 軸方向に伝播する進行波

$$\phi(x,t) = a\sin(kx+\omega t+\alpha) \tag{4.6}$$

と(4.3)とを重ねあわせればよい. 実際, (4.3)と(4.6)との相加平均を改めて $\phi(x,t)$ と書くと, 公式 $\sin(\theta_1\pm\theta_2)=\sin\theta_1\cos\theta_2\pm\cos\theta_1\sin\theta_2$ により

$$\phi(x,t) = \frac{1}{2}a\{\sin(kx-\omega t-\alpha)+\sin(kx+\omega t+\alpha)\}$$

$$= a\sin kx\cos(\omega t+\alpha) \tag{4.7}$$

$\sin\theta=0$ となるのは角 θ が π の整数倍に等しいときであることに注意すれば, (4.7)は $\phi(0,t)=0$ を満足しており, また,

$$k = \frac{\pi}{L}n, \qquad n = 1, 2, 3, \cdots \tag{4.8}$$

ならば $\phi(L,t)=0$ も満足することがわかる.

(4.7)のように, 弦の各部分が同一振動数で単振動しているときに, これを固有振動とよび, その振動数を固有振動数とよぶ. (4.8)の整数 n は, 固有振

動の異なるモードを区別する指標と見ることができる. n 番目のモードの固有角振動数は, (4.8) を (4.4) に代入して, 次のようなとびとびの値になる.

$$\omega_n = \left(\frac{\pi c_s}{L}\right)n \tag{4.9}$$

(4.7) は節の位置が時間的に不動な**定常波**である. (4.8) を代入すると, n 番目のモードの節の数は両端の固定点を別にして $n-1$ 個であることがわかる (図 4-5). なお, 図から n 番目のモードの波長は $n\lambda_n=2L$ を満足するが, これは (4.8) に $k=(2\pi/\lambda)$ を代入したものにほかならない.

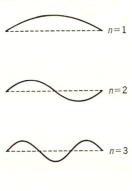

図 4-5 弦の固有振動.

周期的境界条件 (4.5) の代りに, x が L だけ増すごとに $\phi(x,t)$ が同じ値をとるとしてみよう.

$$\phi(x+L,t) = \phi(x,t) \tag{4.10}$$

これを周期的境界条件とよぶ. 図 4-6 のような環状の弦の振動を考え, 円周上の点の位置を弧の長さ x であらわしているとおもえばよい.

周期的境界条件のもとでは, 進行波 (4.3) を固有振動にえらぶことができる. ただし, x を L だけ増したときの位相の増加 kL が 2π の整数倍に等しければ (4.3) はもとの値にもどるので

$$k = \frac{2\pi}{L}n, \quad n=1,2,3,\cdots \tag{4.11}$$

図 4-6 周期的境界条件.

n を $\varDelta n$ だけ増したときの k の増加を $\varDelta k$ と書くと, 両者の間に

$$\varDelta n = \frac{L}{2\pi} \varDelta k \tag{4.12}$$

の関係がある. 一方, 固定端のときの(4.8)は $\varDelta n=(L/\pi)\varDelta k$ をあたえ, (4.12) の 2 倍になる. つまり, k の値が幅 $\varDelta k$ の中にあるモードの数は, 周期的境界条件の場合の 2 倍になる. しかし, 周期的境界条件のもとでは, (4.3)とならんで, 逆むきに伝播する進行波(4.6)も固有振動にえらぶことができる. 両者は, 一方を他方の定数倍としてあらわすことができないという意味で, **独立**である. したがって, k の値が幅 $\varDelta k$ の中にあるモードの数は, $+x$ および $-x$ の両方向に進む波があることを考えにいれると(4.12)の 2 倍になり, 固定端の場合のモードの数と同じになる.

固有値問題　弦の各部分が同じ振動数で単振動するという固有振動の定義をそのまま式に書くと

$$\phi(x,t) = \phi(x)\cos(\omega t+\alpha) \tag{4.13}$$

これを(4.2)に代入し, (4.4)に注意すると

$$-\frac{d^2\phi}{dx^2} = k^2\phi \tag{4.14}$$

固定端の境界条件(4.5)に(4.13)を代入して

$$\phi(0) = 0, \quad \phi(L) = 0 \tag{4.15}$$

数学的にいえば, これは量子力学にもたえず登場する**固有値**(eigenvalue)問

題のいちばん簡単な例である．平凡解 $\phi(x)\equiv 0$ は，定数 k^2 の任意の値にたいし，(4.14), (4.15) を満足するが，これでは弦が静止したままで話にならない．平凡解以外の解は固有解または**固有関数**(eigenfunction)とよばれ，k^2 が固有値とよばれるとびとびの値に等しいときにのみ存在する．実際，a, b を定数として，(4.14)の一般解は $\phi(x)=a\sin kx+b\cos kx$ であるが，境界条件 $\phi(0)=0$ を要求すると $b=0$ である．さらに $\phi(L)=0$ を要求すると，$kL=n\pi$ であって，固有値は(4.8)であたえられることになる．対応する固有関数は

$$\phi(x) = a\sin\frac{n\pi}{L}x \qquad (4.16)$$

これに 0 でない任意の定数を掛けたものも同じ固有値に対応する固有関数であり，**固有関数は定数因子だけ不定**である．

問　題

1. (4.3)と(4.6)の和が定常波(4.7)をあたえたが，差をとればどうなるか？　固定端の境界条件が満足されるかどうかをチェックせよ．

2. 周期的境界条件 $\phi(x+L)=\phi(x)$ のもとで(4.14)の固有値問題を考えるとどうなるか？

ヒント：同じ固有値をあたえる 2 種類の独立な固有関数がある．

4-4　固有振動の重ねあわせ

波動方程式(4.2)は線形であり，第1章で強調したように重ねあわせの原理が成立する．さまざまなモードについて固有振動を重ねあわせたものが，やはり波動方程式の解である．

両端を固定した弦の場合なら，この重ねあわせを一般に次のような形に書くことができる．

$$\phi(x,t) = \frac{1}{\sqrt{\sigma}}\sum_{n=1}^{\infty}Q_n(t)\phi_n(x) \qquad (4.17)$$

$$\phi_n(x) = \sqrt{\frac{2}{L}} \sin\frac{n\pi}{L}x \qquad (4.18)$$

$$Q_n(t) = a_n \cos(\omega_n t + \alpha_n) \qquad (4.19)$$

σ は弦の単位長さあたりの質量である．(4.17)の $\sqrt{\sigma}$ および(4.18)の $\sqrt{2/L}$ という因子は，すぐあとで計算する振動のエネルギーが簡単な表式になるように付けたもので，(4.19)の振幅と(4.16)の振幅とは定数因子だけちがう．(4.19)の ω_n は(4.9)であたえられる．振幅 a_n，位相定数 α_n はモードごとにちがっていてよい．

さて，$n=1, 2, 3, \cdots$ のそれぞれにたいし a_n, α_n の値を決めると，(4.19)によって $Q_n(t)$ がすべての t にたいして決まり，(4.17)によって $\psi(x,t)$ がすべての x, t にたいし決まる．a_n, α_n の代りに，ある時刻，たとえば $t=0$ の Q_n の値とその時間微分の値を決めてもよい(これから逆に a_n, α_n が決まる)．その意味で，$Q_n(t)$ は粒子系の位置座標に相当する変数であり，

$$P_n(t) = \frac{dQ_n}{dt} = -\omega_n a_n \sin(\omega_n t + \alpha_n) \qquad (4.20)$$

は運動量に相当する量である．粒子系とちがうのは，座標が無限に多いこと，つまり運動の**自由度が無限大**だという点である．これについてはあとで詳しく述べる．

(4.19), (4.20)が正準運動方程式

$$\frac{dQ_n}{dt} = \frac{\partial H}{\partial P_n}, \qquad \frac{dP_n}{dt} = -\frac{\partial H}{\partial Q_n} \qquad (4.21)$$

$$H = \sum_{n=1}^{\infty} \left\{ \frac{1}{2} P_n^2 + \frac{1}{2} \omega_n^2 Q_n^2 \right\} \qquad (4.22)$$

の解であることは，代入してみればすぐわかる．以下に示すように，この H は弦の振動エネルギーに等しいので，弦の振動を記述する正準変数は Q_n, P_n であると結論できる．

音波のハミルトニアン 弾性論によると，弦の振動のエネルギーは次の表式であたえられる(物理入門コース『弾性体と流体』参照)．

4-4 固有振動の重ねあわせ

$$E = \int_0^L \left\{ \frac{1}{2}\sigma\left(\frac{\partial\phi}{\partial t}\right)^2 + \frac{1}{2}\sigma c_s^2\left(\frac{\partial\phi}{\partial x}\right)^2 \right\}dx \tag{4.23}$$

右辺第1項が運動エネルギーをあらわすことは、σdx が長さ dx にふくまれる質量、$\partial\phi/\partial t$ が y 軸方向への速度であることから、明らかであろう。第2項については、長さ dx とその間におこる y 軸方向への変位の増加 $(\partial\phi/\partial x)dx$ との比が弾性論でいうストレインであり、弾性エネルギーはストレインの2乗に比例することを注意しておこう。

さて、(4.17)を(4.23)に代入して Q_n であらわすのであるが、固有関数の**規格化直交性**とよばれる次の性質を利用すると便利である。

$$\int_0^L \phi_n(x)\phi_{n'}(x)dx = \delta_{nn'} \tag{4.24}$$

右辺の記号はクロネッカー・デルタとよばれ、$n=n'$ のとき1に等しく、$n\neq n'$ のとき0に等しい。(4.24)は(4.18)を代入し、2つのサインの積を三角関数の公式を使って2つのコサインの和であらわせば、容易に証明できる(節末の問題1)。

(4.23)の右辺第1項に(4.17)を代入し、(4.24)を使うと

$$\int_0^L \frac{1}{2}\sigma\left(\frac{\partial\phi}{\partial t}\right)^2 dx = \sum_{n=1}^{\infty}\sum_{n'=1}^{\infty} \frac{1}{2}\frac{dQ_n}{dt}\frac{dQ_{n'}}{dt}\int_0^L \phi_n\phi_{n'}dx$$

$$= \sum_{n=1}^{\infty} \frac{1}{2}\left(\frac{dQ_n}{dt}\right)^2 = \sum_{n=1}^{\infty} \frac{1}{2}P_n^2 \tag{4.25}$$

第2項については一度部分積分して

$$\int_0^L \frac{1}{2}\sigma c_s^2\left(\frac{\partial\phi}{\partial x}\right)^2 dx = -\int_0^L \frac{1}{2}\sigma c_s^2 \frac{\partial^2\phi}{\partial x^2}\phi dx$$

$$= \sum_{n=1}^{\infty}\sum_{n'=1}^{\infty} \frac{1}{2}c_s^2\left(\frac{n\pi}{L}\right)^2 Q_n Q_{n'}\int_0^L \phi_n\phi_{n'}dx$$

$$= \sum_{n=1}^{\infty} \frac{1}{2}\omega_n^2 Q_n^2 \tag{4.26}$$

こうして、ハミルトニアン(4.22)は振動エネルギー(4.23)に等しいことがわかる。

弦の比熱 弦の振動が正準形式にあらわせたので、これに統計力学を適用し

よう．(4.25)によれば，n 番目の固有振動のエネルギーは質量1，角振動数 ω_n の調和振動子と同じ形のハミルトニアンであらわされる．全ハミルトニアンは各モードのハミルトニアンの独立な和である．1つのモードに注目して残りのモード全体はこれにたいする恒温槽と見なすことができる．第3章のアインシュタイン・モデルの話の原子をモードと読みかえればよいのであって，絶対温度 T における各モードの平均エネルギーは $k_B T$ に等しく，比熱への寄与は k_B である．全比熱は，これにモードの数を掛けたものである．

ところで，(4.22)の n は 1 から ∞ まで動くから，モードの数は無限大であり，これを文字通り受け取れば比熱も無限大である．これは弦の原子的構造を無視して連続体と考えたためである．連続体は，全質量が有限でも，運動の自由度は無限大であるが，とびとびの原子でできた実際の固体の自由度は原子数の3倍しかない．

図 4-7 は，平衡状態では x 軸上に等間隔 d でならんでいた原子の鎖の y 軸方向への横振動を，かりに連続体と見たときの振動(曲線)と対比したもので，後者の波長 λ が $2d$ よりやや長い場合を(a)に示してある．$\lambda \to 2d$ の極限では(b)になり，原子が静止したままの状態に帰着してしまう．(4.8)の $k=(2\pi/\lambda)$ であることに注意すると，原子的構造を考えに入れれば，整数 n に実は上限 $(L/\pi) \times (2\pi/2d) = L/d$ のあることがわかる．これは原子数 N にほかならない．

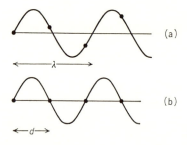

図 4-7 波長の切断．

原子は z 軸方向にも横振動できるし，また，x 軸方向に縦振動することもできるから，本当は固有振動のモードの数は $3N$ 個あり，比熱は $3Nk_B$ に等しい．これは第3章でアインシュタイン・モデルについて述べた結論と一致している．

なお，原子的構造を考えに入れると，振動数と波長の逆比例関係(4.4)も($k=0$の近傍を除き)成立しなくなる．この比例関数はそのままにしておいて，モードの総数が原子数の3倍に等しいという条件でだけ原子的構造を考えに入れる近似を，固体振動の**デバイ・モデル**とよぶ．

問　題

1. 区間 $0 \leq x \leq L$ で連続な2つの関数 $f(x)$, $g(x)$ の'スカラー積'を，3次元ベクトルの場合になぞらえて，

$$(f, g) = \int_0^L f(x)g(x)dx = (g, f)$$

で定義し，$(f,g)=0$ なら f と g は**直交する**といい，$(f,f)=1$ なら f は**規格化**されているという．(4.18)の規格化直交性を証明せよ．

4-5　電磁場の平面波展開

話を空洞内の電磁振動にもどそう．空洞は立方形であり，各辺は x 軸，y 軸，z 軸にそれぞれ平行で長さが L であるとする(図4-8)．前節で弦について述べたのと同様に，空洞内の電磁振動も一般に固有振動の重ねあわせとしてあらわすことができる．

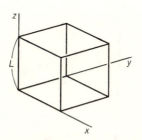

図 4-8　立方形空洞.

マイクロ波回路の場合には，空洞の寸法 L と同程度の波長をもつ電磁波が問題になるので，固有振動数や空洞内での電磁場の強度分布は壁の存在——つまり境界条件によって敏感に影響される．一方，以下考えるのは高温の熱放射

であり，問題になる電磁波の波長は赤外または可視部にあり，空洞の寸法 L よりはるかに短い．固有振動を求めるときの境界条件について神経質になる必要はないので，ここでは周期的境界条件を採用する．すると，弦の場合の(4.3)，(4.6)に対応して，固有振動は平面進行波(1.19), (1.21)である．

弦の場合には波長と波の進行するむき($+x$ 軸または $-x$ 軸方向)が問題になったのにたいし，ここでは波動ベクトル $\boldsymbol{k}$ の大きさが波長 $\lambda=(2\pi/k)$ をあたえ，方向が波の進行方向を示す．周期的境界条件により，$\boldsymbol{k}$ の成分は次のようなとびとびの値にかぎられる．

$$k_x = \frac{2\pi}{L} n_x, \quad k_y = \frac{2\pi}{L} n_y, \quad k_z = \frac{2\pi}{L} n_z \tag{4.27}$$

n_x, n_y, n_z は正または負の整数であり，いま考えるのはその絶対値が 1 よりはるかに大きい場合である．

独立な固有振動のモードを区別する標識として波動ベクトル $\boldsymbol{k}$ を指定するだけでは不十分である．第1章で述べた電磁波の偏りの方向も指定する必要がある．あたえられた $\boldsymbol{k}$ にたいし，これに垂直であり，おたがいにも垂直な2つの偏りの方向が考えられる(そのえらび方は無数にある)．これを単位ベクトル $\boldsymbol{e}_{k1}, \boldsymbol{e}_{k2}$ であらわすことにすると(図4-9)，

$$\boldsymbol{k} \cdot \boldsymbol{e}_{k\sigma} = 0, \quad \boldsymbol{e}_{k\sigma} \cdot \boldsymbol{e}_{k\sigma'} = \delta_{\sigma\sigma'} \tag{4.28}$$

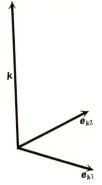

図4-9 偏りのベクトル．

電磁場の平面波展開 弦のときの(4.17)に対応して，空洞内の点$r=(x, y, z)$，時刻tにおける電場および磁場は，(1.19)，(1.21)のような平面進行波の重ねあわせとして，次の形にあらわすことができる．

$$E(r, t) = -\sum_k \sum_\sigma [\varepsilon_0 V]^{-1/2} \omega_k a_{k\sigma} e_{k\sigma} \sin \Gamma_{k\sigma} \tag{4.29}$$

$$B(r, t) = -\sum_k \sum_\sigma [\varepsilon_0 V]^{-1/2} a_{k\sigma} k \times e_{k\sigma} \sin \Gamma_{k\sigma} \tag{4.30}$$

$V=L^3$ は空洞の体積，$\varepsilon_0=(10^7/4\pi c^2)$ は真空の誘電率(cは真空中の光速度)，$\omega_k=ck$，

$$\Gamma_{k\sigma} = k \cdot r - \omega_k t - \alpha_{k\sigma} \tag{4.31}$$

は平面波の位相，$\alpha_{k\sigma}$ は位相定数である．(4.29)，(4.30)の和は(4.28)であたえられるすべての波動ベクトルおよび偏りの方向$\sigma=1, 2$についてとる．

真空中のマクスウェル方程式 偏微分記号 $\partial/\partial x, \partial/\partial y, \partial/\partial z$ は，x, y, z の関数に作用してこれを偏微分係数に変換する**演算子**(operator, 数学者は作用素とよぶ)と見ることができる．さらに，これらの演算子をベクトル∇の成分と見てもよい．このベクトル演算子と電場ベクトルとのスカラー積を，成分であらわしたスカラー積の定義式をおもい出しながら，書くと

$$\nabla \cdot E = \frac{\partial}{\partial x} E_x + \frac{\partial}{\partial y} E_y + \frac{\partial}{\partial z} E_z$$

これに(4.29)を代入し

$$\frac{\partial}{\partial x} \sin \Gamma_{k\sigma} = \cos \Gamma_{k\sigma} \frac{\partial}{\partial x} \Gamma_{k\sigma} = k_x \cos \Gamma_{k\sigma}$$

等に注意すると

$$\nabla \cdot E = -\sum_k \sum_\sigma [\varepsilon_0 V]^{-1/2} \omega_k a_{k\sigma} (e_{k\sigma} \cdot k) \cos \Gamma_{k\sigma}$$

(4.28)の第1式により，これは0である．

同様に∇とEとのベクトル積のx成分を書くと

$$(\nabla \times E)_x = \frac{\partial}{\partial y} E_z - \frac{\partial}{\partial z} E_y$$

$$= -\sum_k \sum_\sigma [\varepsilon_0 V]^{-1/2} \omega_k a_{k\sigma} (k \times e_{k\sigma}) \cos \Gamma_{k\sigma}$$

これは(4.30)の B_x を t で微分して負号をつけたものに等しい.

$\nabla \cdot \boldsymbol{B}$, $\nabla \times \boldsymbol{B}$ についても同様であって, (4.29), (4.30)は次の微分方程式を満足することがわかる.

$$\nabla \cdot \boldsymbol{E} = 0, \quad \nabla \cdot \boldsymbol{B} = 0 \tag{4.32}$$

$$\nabla \times \boldsymbol{E} = -\frac{\partial \boldsymbol{B}}{\partial t}, \quad c^2 \nabla \times \boldsymbol{B} = \frac{\partial \boldsymbol{E}}{\partial t} \tag{4.33}$$

実はこれが真空中の電磁場にたいするマクスウェル方程式であり, (4.29), (4.30)はその一般解を固有振動の重ねあわせとしてあらわしたものである.

問題

1. ベクトル・ポテンシャルを
$$\boldsymbol{A}(\boldsymbol{r}, t) = \sum_k \sum_\sigma [\varepsilon_0 V]^{-1/2} a_{k\sigma} \boldsymbol{e}_{k\sigma} \cos \Gamma_{k\sigma}$$
で定義すれば, 次の関係の成立することを示せ.

$$\nabla \cdot \boldsymbol{A} = 0, \quad \boldsymbol{B} = \nabla \times \boldsymbol{A}, \quad \boldsymbol{E} = -\frac{\partial \boldsymbol{A}}{\partial t}$$

4-6 熱放射のエネルギー密度

(4.29), (4.30)で, 各固有振動の振幅 $a_{k\sigma}$, 位相定数 $\alpha_{k\sigma}$ の値をあたえれば, 空洞内のすべての点 $\boldsymbol{r}$, すべての時刻 t の電磁場が決まる. 振幅, 位相定数の代りに

$$\begin{aligned} Q_{k\sigma}(t) &= a_{k\sigma} \cos(\omega_k t + \alpha_{k\sigma}) \\ P_{k\sigma}(t) &= -\omega_k a_{k\sigma} \sin(\omega_k t + \alpha_{k\sigma}) \end{aligned} \tag{4.34}$$

を導入しよう. これらの変数は明らかに次の正準運動方程式を満足する.

$$\frac{d}{dt} Q_{k\sigma} = \frac{\partial H}{\partial P_{k\sigma}}, \quad \frac{d}{dt} P_{k\sigma} = -\frac{\partial H}{\partial Q_{k\sigma}} \tag{4.35}$$

ただし, ハミルトニアンは次の形であるとする.

$$H = \sum_k \sum_\sigma \left\{ \frac{1}{2} P_{k\sigma}^2 + \frac{1}{2} \omega_k^2 Q_{k\sigma}^2 \right\} \tag{4.36}$$

実際, 電磁気学によると, 電磁場のエネルギーは

4-6 熱放射のエネルギー密度

$$w = \frac{1}{2}\varepsilon_0\{\boldsymbol{E}^2(\boldsymbol{r},t)+c^2\boldsymbol{B}^2(\boldsymbol{r},t)\} \tag{4.37}$$

を x, y, z について積分したものであるが，(4.29), (4.30)を代入すると，この積分はハミルトニアン(4.36)と一致することが証明できるのである(節末の問題1, 2)．つまり，弦の場合と同様に，各固有振動モードのエネルギーは調和振動子のハミルトニアンであらわされ，電磁振動の全エネルギーは各モードのハミルトニアンの和であらわされる．

したがって，固体のアインシュタイン・モデルやデバイ・モデルの場合と同様に，平均エネルギー

$$u = \left\langle \frac{1}{2}(P_{k\sigma}^2 + \omega_k^2 Q_{k\sigma}^2)\right\rangle \tag{4.38}$$

を古典統計力学によって計算すると

$$u = k_\mathrm{B} T \tag{4.39}$$

空洞の比熱 空洞内部は物質粒子が存在しないという意味では空っぽの真空であるが，電磁場の熱振動による熱エネルギーを蓄えている．固体に原子振動による比熱があるのと同様に，空洞にも電磁振動による比熱が考えられるのである．

しかし，固体の場合とちがって，電磁波はいわば真空そのものの振動であり，いくらでも波長の短いモードが考えられる．空洞の全放射エネルギーは(4.38)をすべての $\boldsymbol{k}$ と σ とについて加えあわせたものであるから，もし(4.39)が正しいとすると $k_\mathrm{B}T\times\infty$ となって無限大である．これを温度で微分した比熱も $k_\mathrm{B}\times\infty$ でやはり無限大ということになる．

古典統計力学のこの結論は，もちろん実験事実と一致しない．実験によれば，空洞の熱エネルギーは T^4 に比例する(比熱は T^3 に比例する)有限な大きさをもっている．この事実はステファン(J. Stefan)によって発見された(1879年)．

空洞放射のスペクトル 単位体積あたりの熱放射エネルギーは(4.37)の平均値であり，次のようになる．

$$\langle w \rangle = \frac{1}{V}\sum_{\boldsymbol{k}}\sum_{\sigma}\left\langle \frac{1}{2}(P_{k\sigma}^2 + \omega_k^2 Q_{k\sigma}^2)\right\rangle$$

$$= \frac{1}{V} \sum_k \sum_\sigma u \tag{4.40}$$

(4.39)を代入すればもちろん無限大であるが,実際にはuがω_kあるいは振動数$\nu_k=(\omega_k/2\pi)$の関数であって,ν_kが大きくなると指数関数的に小さくなるのである.このことは,(4.40)を図4-2のスペクトルと関係づけてみるとわかる.

まず,(4.27)の整数n_x, n_y, n_zの絶対値が1よりはるかに大きいとし,これにくらべて非常に小さい正の整数$\varDelta n_x, \varDelta n_y, \varDelta n_z$を考える.(4.27)であたえられる成分が,それぞれ$\varDelta k_x=(2\pi/L)\varDelta n_x$, $\varDelta k_y=(2\pi/L)\varDelta n_y$, $\varDelta k_z=(2\pi/L)\varDelta n_z$の幅をもった小区間にはいる波動ベクトルの個数は

$$\varDelta n_x \varDelta n_y \varDelta n_z = \left(\frac{L}{2\pi}\right)^3 \varDelta k_x \varDelta k_y \varDelta k_z \tag{4.41}$$

k_x, k_y, k_zがこれらの小区間を動いてもν_k自身はほとんど変化しないと考えてよいから,(4.40)の$\boldsymbol{k}$についての和を次のように積分で近似する.

$$\sum_k \cdots \cong \frac{V}{(2\pi)^3} \iiint dk_x dk_y dk_z \cdots$$
$$= \frac{V}{(2\pi)^3} \int_0^\infty k^2 dk \int_0^\pi \sin\theta d\theta \int_0^{2\pi} d\phi \cdots \tag{4.42}$$

右辺第2行は$\boldsymbol{k}$の極座標k, θ, ϕに変換したものである.

uがνのみの関数であって,$\boldsymbol{k}$の方向や偏りの方向σに無関係だとすると,σについての和が因子2をあたえ,θ, ϕについての積分が因子4πをあたえる.積分変数を$k=(2\pi\nu/c)$によってkからνに変換すると

$$\langle w \rangle = \int_0^\infty \rho(\nu) d\nu \tag{4.43}$$

$$\rho(\nu) = \frac{8\pi}{c^3} \nu^2 u(\nu) \tag{4.44}$$

$\rho(\nu)d\nu$は振動数がνと$\nu+d\nu$の間にある単位体積あたりの熱放射エネルギーであり,$\rho(\nu)$をエネルギー・スペクトル密度とよぶ.

図4-2のスペクトル強度I_λと$\rho(\nu)$との間には,次のような関係がある.

$$I_\lambda = \frac{c^2}{4\lambda^2} \rho\left(\frac{c}{\lambda}\right) \tag{4.45}$$

観測された I_λ を左辺に代入して ρ を求めることができる.

(4.45)を導くには，空洞の壁にあけた小さな穴から洩れるエネルギーを計算してみればよい．穴の断面積 S の法線で空洞の内から外へむかうものを z 軸にえらび，これと角 θ をなす波動ベクトル $\bm{k}$ をもった平面電磁波に注目する ($0<\theta<\pi/2$)．図4-10のように，S を底面とし，$\bm{k}$ に平行で長さ $c\varDelta t$ の斜筒を考えると，ある時刻に波面がこの斜筒を切っていた平面波は，それから $\varDelta t$ 時間以内にすべて S に達する．これに伴って S を横切る電磁エネルギーは，エネルギー密度 (u/V) に斜筒の体積 $Sc\varDelta t\cos\theta$ を掛けたものである．これを $\bm{k}$ (ただし $0<\theta<\pi/2$) および σ について加えあわせたものを $J_\mathrm{B} S\varDelta t$ と書くと，J_B は単位面積あたり単位時間に穴から洩れてくる全電磁エネルギーである．

$$J_\mathrm{B} = \frac{2c}{V}\sum_{\bm{k}} u\cos\theta = \frac{4\pi}{c^2}\int_0^\infty u\nu^2 d\nu \int_0^{\pi/2}\cos\theta\sin\theta d\theta$$
$$= \frac{c}{4}\int_0^\infty \rho(\nu)d\nu = \frac{c^2}{4}\int_0^\infty \rho\left(\frac{c}{\lambda}\right)\frac{d\lambda}{\lambda^2} \tag{4.46}$$

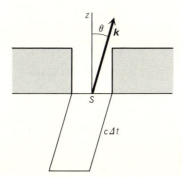

図4-10 空洞から洩れる波.

問　題

1. $i=\sqrt{-1}$ とおくと，$e^{i\varGamma}=\cos\varGamma+i\sin\varGamma$ であることを利用し，4-5節問題1のベクトル・ポテンシャルを

$$A(\bm{r},t) = \sum_{\bm{k}}\sum_{\sigma}[\varepsilon_0 V]^{-1/2}\{A_{\bm{k}\sigma}e^{i\bm{k}\cdot\bm{r}}+A_{\bm{k}\sigma}{}^*e^{-i\bm{k}\cdot\bm{r}}\}\bm{e}_{\bm{k}\sigma}$$

の形に書いて $A_{\bm{k}\sigma}$ とその共役複素数 $A_{\bm{k}\sigma}{}^*$ を求めよ．

2. 前節の問題1，本節の問題1の結果を利用して

$$\int_0^L dx \int_0^L dy \int_0^L dz w = \sum_k \sum_\sigma 2\omega_k{}^2 A_{k\sigma}{}^* A_{k\sigma}$$
$$= \sum_k \sum_\sigma \frac{1}{2} \omega_k{}^2 a_{k\sigma}{}^2$$

を導け．(4.34)を利用して右辺が(4.36)と一致することを示せ．

ヒント：$k_x, k_x{}'$ が(4.27)の形であるとき

$$\int_0^L e^{i(k_x - k_x{}')x} dx = \begin{cases} 1 & (k_x = k_x{}') \\ 0 & (k_x \neq k_x{}') \end{cases}$$

公式 $(\boldsymbol{k} \times \boldsymbol{C}) \cdot (\boldsymbol{k} \times \boldsymbol{D}) = k^2 \boldsymbol{C} \cdot \boldsymbol{D} - (\boldsymbol{k} \cdot \boldsymbol{C})(\boldsymbol{k} \cdot \boldsymbol{D})$ も利用せよ．

4-7 プランクの放射式

(4.39)を(4.44)に代入して

$$\rho(\nu) = \frac{8\pi}{c^3} \nu^2 k_B T \tag{4.47}$$

これが古典論のあたえるスペクトル密度であり，レーリー(Lord Rayleigh, 1900年)とジーンズ(J. H. Jeans, 1905年)が導いた．これより先(1893年)，ウィーン(W. Wien)はマクスウェル電磁気学と熱力学とをたくみに組みあわせて $\rho(\nu)$ の形を理論的に推定した．熱力学はミクロな粒子の運動が古典力学にしたがうか量子力学にしたがうかには無関係に成立するという幸運な事情に助けられて，ウィーンは正しい結論を導くことができたのである．

ウィーンの放射式 ウィーンの結論を要約すると，縦軸に $\rho(\nu)/\nu^3$ をとり，横軸に ν/T をとって両者の関係をグラフに描くと，すべての温度におけるデータがただ1本の曲線上にのるということである．式で書くと，a, h を定数として

$$\rho(\nu) = a\nu^3 f\left(\frac{h\nu}{k_B T}\right) \tag{4.48}$$

h は J·s という単位をもち，$x = (h\nu/k_B T)$ は単位のえらび方によらない無次元量である．$f(x)$ は変数 x 以外にはただの数しかふくまない関数である．

(4.48)からステファンの T^4 則がすぐ出る．ν について積分し，積分変数を x に変換すると

4-7 プランクの放射式

$$\int_0^\infty \rho(\nu)d\nu = a\left(\frac{k_B T}{h}\right)^4 \int_0^\infty x^3 f(x)dx \tag{4.49}$$

右辺の定積分はただの数であるが，その数値は関数 f のえらび方による．

$\rho(\nu)$ はある $\nu=\nu_m$ で極大を示し，ν_m は T に比例することが実験で知られている．実際，(4.48)の右辺を ν で微分して 0 とおくことにより

$$\nu_m = x_m T \tag{4.50}$$

x_m は方程式 $xf'(x)+3f(x)=0$ の根である．

熱力学的考察だけで $f(x)$ の関数形を確定することはできないが，ウィーンは

$$f(x) = e^{-x} \tag{4.51}$$

を提案した．これを(4.48)に代入したウィーンの放射式は，当時知られていた比較的短波長領域のデータをうまく説明できたからである．

一方，ウィーンの放射式は長波長領域で $\rho(\nu) \propto \nu^3$ をあたえるが，その後おこなわれた赤外領域の実験で $\rho(\nu) \propto \nu^2$ であることが明らかになった．つまり，$x \to 0$ で $f(x) \to x^{-1}$ であり，(4.48)は古典論の(4.47)と同じ形になる．両者は一致すべきだとすると

$$a = \frac{8\pi h}{c^3} \tag{4.52}$$

プランクの放射式 プランクは $x \to 0$ で x^{-1} になり，$x \to \infty$ で e^{-x} となる $f(x)$ として

$$f(x) = \frac{1}{e^x - 1} \tag{4.53}$$

を提案した(1900年)．これと(4.52)を(4.48)に代入すると

$$\rho(\nu) = \frac{8\pi}{c^3}\nu^2 \frac{h\nu}{e^{h\nu/k_B T}-1} \tag{4.54}$$

これが有名な**プランクの放射式**であって，定数 h を**プランク定数**とよぶ．その値を適当にえらぶことによって，全波長領域，全温度領域の実験結果を精密に再現することができる．現在知られているプランク定数の値は

$$h = 6.626 \times 10^{-34} \text{ J·s} \tag{4.55}$$

問　題

1. プランクの式(4.54)を(4.46)に代入して，ステファンの法則 $J_B = \sigma T^4$ を導け．

（注）　$\displaystyle\int_0^\infty \frac{x^3}{e^x - 1} dx = \frac{1}{15}\pi^4$

2. 太陽表面が温度 5.5×10^3 K の黒体と仮定し，地球上で太陽光線に垂直な 1 m² の面積が毎秒受ける放射エネルギーを求めよ．太陽の半径を 7.0×10^8 m，太陽と地球の距離を 1.5×10^{11} m とする．

3. プランクの式(4.54)を(4.45)に代入し，スペクトル強度 I_λ が極大となる波長 λ_m と温度 T との関係を求めよ（ウイーンの変位則）

4-8　量子論の誕生

　プランク定数 h は，光速度 c と同じく，真空そのものの物理的属性をあらわす普遍定数である．単にプランクの放射式にあらわれる新しい定数というだけでなく，もっと深い意味をもつことが，以下のようなプランク自身の考察によって明らかにされた．

　エネルギーの量子化　調和振動子のエネルギーは，古典論では 0 と ∞ の間の任意の値をとるのであるが，実は次のようなとびとびの値しかとりえないのだと考える．

$$\varepsilon_n = nh\nu, \quad n = 0, 1, 2, \cdots \tag{4.56}$$

ただし ν は振動子の振動数である．エネルギーがこのようにとびとびの値しかとりえないことを，一般にエネルギーの**量子化**(quantization)とよぶ．そのと

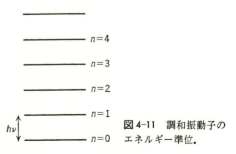

図 4-11　調和振動子のエネルギー準位．

4-8 量子論の誕生

びとびの値を**エネルギー準位**(energy level)とよび,高さのちがう水平線で図4-11のように図示する.

一方,統計力学の基本原理は量子論でも同じであり,絶対温度 T で熱平衡にある振動子のエネルギーが ε_n である確率 w_n は,ボルツマン因子 $\exp\{-\varepsilon_n/k_B T\}$ に比例すると考える. w_n 自身は,このボルツマン因子を状態和とよばれる規格化因子

$$Z = e^{-\frac{\varepsilon_0}{k_B T}} + e^{-\frac{\varepsilon_1}{k_B T}} + \cdots + e^{-\frac{\varepsilon_n}{k_B T}} + \cdots \tag{4.57}$$

で割ったものに等しい. w_n を n について加えた全確率が1に等しくなるからである.エネルギーの平均値は

$$\sum_{n=0}^{\infty} \varepsilon_n w_n = h\nu \frac{x + 2x^2 + \cdots + nx^n + \cdots}{1 + x + x^2 + \cdots + x^n + \cdots} \tag{4.58}$$

であたえられる.ただし $x = \exp\{-h\nu/k_B T\}$ である.

(4.58)の分母の幾何級数の和は $(1-x)^{-1}$ である.分子の級数は幾何級数を x で微分して x を掛けたものであるから,和は $x[1-x]^{-2}$ に等しい.したがって分数自身は $x[1-x]^{-1} = [x^{-1}-1]^{-1}$ に等しい.

こうして,平均値(4.58),つまり振動数 ν の振動子の平均エネルギーは次の表式であたえられる.

$$u(\nu) = \frac{h\nu}{e^{h\nu/k_B T} - 1} \tag{4.59}$$

これを(4.44)に代入したものが,プランクの放射式にほかならない.

プランクの量子論がそれ以前の原子論とちがう点は,質量とか電荷のような力学系のパラメタがとびとびの値をとるのではなくて,**エネルギーという力学量がとびとびの値をとる**ことである.

例題1 プランクの量子論でかりに $h \to 0$ とすれば古典論が復活することを確かめよ.

[解] 図4-11のエネルギー準位の間隔は0となり,エネルギーは0と∞の間の任意の値をとりうる.(4.59)の分母は $(h\nu/k_B T)$ となり,古典論の $u = k_B T$ をあたえる.

固体の比熱 アインシュタインが指摘したように，プランクの量子論は固体の原子振動にも適用できる(1907年)．固体の場合には固有振動のモードは有限個しかなく，振動数に上限がある．これをν_Dとし，温度$\theta_D = (h\nu_D/k_B)$を定義できる(**デバイ温度**)．$\theta_D \ll T$の成立する高温では，すべてのνにたいし$k_B T \gg h\nu$であり，(4.59)は古典論に帰着する．固体の比熱が高温で古典論と一致するのは，このためである．

$T \ll \theta_D$では，$h\nu \gg k_B T$を満足するνにたいして(4.59)は$\exp\{-h\nu/k_B T\}$に比例して急激に小さくなり，熱エネルギーに寄与しなくなる．したがって，上限ν_Dの存在を忘れてよい．低温で問題になるνの小さい振動は，となりあった原子の相対変位のきわめて小さい長波長のモードである．固体を連続体と見なしてその音波を考えればよく，振動数と波長の間に(4.4)が成立する．これは電磁振動のときと同じ形で，光速を音速におきかえただけである．こうして，低温における原子振動の熱エネルギーは，本質的には空洞内の電磁振動のときと同じように計算され，T^4に比例する．したがって，比熱はT^3に比例して減少することになる．このデバイ(P. Debye)のT^3法則は実験的によく確かめられているのである．

光子と光電効果 空洞内の電磁波に話をもどそう．波動ベクトル$\boldsymbol{k}$，偏りの方向σ，振動数$\nu_k = (ck/2\pi)$の固有振動モードに注目する．このモードのエネルギーが量子化されていて，$h\nu_k$の整数倍というとびとびの値に限られるというのが量子論の主張である．したがって，たとえば電磁波が空洞の壁によって吸収・放出されるときにも，モードのエネルギーは図4-11の階段を上下するのであって，エネルギー変化は$h\nu_k$を単位にしておこる．アインシュタインはこの状況をもっと物理的な言葉で表現した．つまり，固有モードはそれぞれエネルギー$h\nu_k$をもつ粒子の集団であり，空洞の壁がこの粒子を吸収・放出することによってエネルギーが変化するというのである．アインシュタインはこの粒子を**光量子**(light quantum)とよんだが，現在では**光子**(photon)という名称が使われる．空洞内部は光子の気体がつまっていることになる．ふつうの気体とちがうところは，壁によって吸収・放出されるために，光子の総数が変化しう

4-8 量子論の誕生

ることである．

しかし，これをもってニュートンの粒子説の単純な復活と見るわけにはゆかない．光子のエネルギーが $h\nu_k$ であるというとき，振動数 ν_k は波動に特有な量であり，電磁波の波動性を利用して測定される量である．この粒子・波動の2重性は第6章で詳しく論ずる．

光子概念の正しさを示す事実の1つとして，アインシュタインは光電効果(1-5節)をあげた．図4-12のように金属板 E を可視光または紫外線で照射すると，金属内の電子が光のエネルギーを吸収し，束縛力をふり切って金属外部に飛び出してくる．これを集電極 C で受け，両極間に流れる電流(光電流) I を測定する．

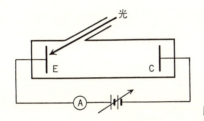

図4-12 光電効果．

光の振動数 ν を変えたとき，光電流は図4-13のようになる．ある下限 ν_0 があって，$\nu < \nu_0$ であればいくら強い光で照射しても光電効果はおこらない．電子が束縛力にうちかって外に飛び出すのに必要なエネルギーには最小値 W (仕事関数とよばれる)があり，光子のエネルギー $h\nu$ が W をこえたとき，つまり光の振動数 ν が下限 $\nu_0 = W/h$ をこえたとき，はじめて光子を吸収した電子が金属外に飛び出すのである．

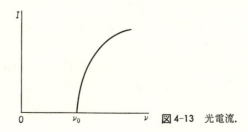

図4-13 光電流．

$\nu > \nu_0$ ならば，弱い光で照射しても光電効果が瞬間的におこる．波動論が正しければ，光の強度は電場の2乗に比例するから，弱い光の電場が単位時間に電子にする仕事は小さく，電子がWをこえるエネルギーを吸収するには長時間を必要とすることになる．

振動数νの光で照射したときに金属外部に飛び出してくる電子の運動エネルギーの最大値は

$$\frac{1}{2}m_e v_m^2 = h\nu - W = h(\nu - \nu_0) \qquad (4.60)$$

であたえられる（m_eは電子の質量，v_mは電子の速度の最大値）．図4-12の電極EC間に負の電位差を加え，飛び出してきた電子を減速する．光電流が0になったときの電位差を$-V_m$とすると，eV_mが(4.60)の左辺に等しい．実際，測定されたeV_mをνの関数としてプロットすると図4-14のように直線のグラフになり，その勾配はプランク定数と一致する．

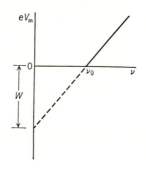

図4-14 光電子のエネルギー

問　題

1. 固体内原子の振動にたいしてアインシュタイン・モデルを仮定したとき，低温の比熱はどうなるか？　振動数がおよそ10^{13} s^{-1}として，古典論からのはずれがおこる温度はおよそいくらか？

2. 金属 Na, Au, Pt の仕事関数はそれぞれ 2.3 eV, 4.9 eV, 5.3 eV であるという．光電効果のおこる光の波長の上限を求めよ．

5

原子構造と量子論

　原子核を中心に電子が運動しているという原子構造はラザフォードの実験によって確立されたが，古典論はその安定性を説明することができない．空洞放射のプランク理論を転用することによって，原子の安定性の説明に成功したのがボーアの量子論であり，エネルギー準位，定常状態，遷移など，その基本概念をこの章で学ぶ．

5-1 序論

　原子の中心に原子核が存在することを明らかにしたのは，ラザフォードのα線散乱の実験である(1911年)．当時，原子内に電子の存在することはすでにわかっていた．ふつう原子は電気的に中性であるから，電子のマイナス電荷をうち消すだけのプラス電荷が原子内に存在するはずである．原子の質量は，いちばん軽い水素原子でも電子質量の2000倍近いのだから，大部分このプラス電荷の質量であろう．問題は，プラス電荷が原子内でどう分布しているかである．

　トムソンは，原子が半径1Å程度の球であり，プラス電荷はその内部に一様な密度で分布し，その中に電子がちりばめられていると考えた．ラザフォードの実験は，このトムソンの原子モデルが誤まりであり，プラス電荷は半径10^{-4}Å以下のせまい空間に集中していることを明らかにした．これを原子核と命名したのはボーアである．

　α粒子は^{4}Heの原子核であり，$+2e$の電荷をもつ荷電粒子である．ラザフォードは，α粒子を原子にぶつけ，どのように散乱されるかを観測した．使われたのはラジウムの放射するα線で，α粒子は$1\text{ MeV}=10^6\text{ eV}$以上の大きな運動エネルギーをもっている．トムソンのプラス電荷球のおよぼす電気的な反発力では，とても逆もどりさせることはできないはずであるのに(5-2節)，実際には，わずかながら逆もどりするα粒子が観測される．この観測結果は，プラス電荷の分布半径がトムソンの値の1万分の1以下であると仮定してはじめて説明できるものであることをラザフォードが示した．

　ところで，ラザフォードの明らかにしたこの原子構造を古典論で扱ってみると，この構造は安定ではありえないという困った結論になる．いちばん単純な水素原子を考えると，中心に電荷$+e$の陽子が1個あって，電荷$-e$の電子が1個，陽子のまわりをまわっている．両者の間には距離の2乗に逆比例する電気的なクーロン引力が働く(これと比較して重力は無視してよい)．ニュートン力学で扱えば，太陽系の惑星と同様に，電子は陽子のまわりに楕円軌道をえがく

くことになる．電子の力学的エネルギーは，あとの(5.16)が示すように，軌道半径に逆比例していくらでも低い値をとることができる(図5-1)．電子に働くクーロン引力のポテンシャルが底無しだからである．

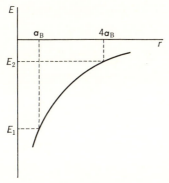

図 5-1 電子の軌道半径とエネルギー．

太陽系の惑星とちがう点は，電子が荷電粒子だという事実である．マクスウェル電磁気学によれば，荷電粒子が加速度運動すると電磁波を放出する．陽子のまわりを運動する電子も電磁波を放出するはずである．電磁波の運び去るエネルギーの分だけ電子は力学的エネルギーを失い，軌道半径は際限なく減少することになる．つまり，古典論によれば，原子が有限なひろがりを保つことは不可能であり，したがって原子の集合であるマクロな物体も潰滅してしまうはずである．この結論は，真空の比熱が無限大だという結論と同じくらい深刻な古典論の困難といえよう．

古典論を放棄することによってラザフォードの原子構造を活かしたのは，ボーアである．陽子を中心として電子が円運動しているとすると，その半径は古典論のように勝手な値をとることができなくて，あるとびとびの値 $a_B, 4a_B, 9a_B, \cdots$ だけがゆるされ，したがって電子のエネルギーも対応するとびとびの値 $E_1, E_2, E_3, \cdots$ に限られるというのである．ただし，a_B はボーア半径とよばれ，電子の電荷 e，質量 m_e，真空の誘電率 ε_0，およびプランク定数 h を使って次のようにあらわされる．

$$a_{\mathrm{B}} = \frac{\varepsilon_0 h^2}{\pi m_e e^2} \quad (=0.5292\,\text{Å}) \tag{5.1}$$

かりに $h \to 0$ とすれば $a_{\mathrm{B}} \to 0$ となり,原子はつぶれてしまう.

とびとびの軌道半径 $n^2 a_{\mathrm{B}}\,(n=1,2,3,\cdots)$ をもつ運動状態をボーアは**定常状態** (stationary state) とよび,定常状態にある電子は電磁波の放出・吸収をおこなわないと仮定した.しかし,電子はある定常状態から別の定常状態へ偶発的・不連続的にとび移ることがあると考え,これを**遷移** (transition) とよんだ.電磁波の放出・吸収は遷移にともなっておこる.

一見身勝手な仮設であるが,エネルギー準位,定常状態,遷移は,いずれも本格的な量子力学の中に生き残る重要な基本概念である.しかし,一方では軌道概念を残し,その計算にニュートン力学を使うという点では,ボーアの量子論は過渡期の理論であり,前期量子論とよばれることもある.

5-2 α線散乱と原子構造

ラザフォードはラジウムの放射する α 線を厚さ 10^{-7} m ぐらいの金のフォイルにあて,散乱されてくる α 粒子の角度分布を計数管でしらべた(図5-2).大部分の α 粒子は直進するか,小角度だけ散乱されるが,90°以上の大角度散乱されて逆もどりする α 粒子が2万分の1ぐらいあった.

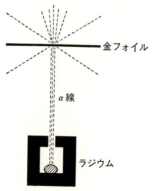

図 5-2 α 線散乱の実験.

トムソンのモデル　この大角度散乱の割合はわずかなようであるが，トムソンの考えた原子モデルで説明することはむずかしい．まず，いずれのモデルを採るにしろ，原子内の電子による α 粒子の散乱は考えなくてよいことに注意しておく．α 粒子の質量は電子質量の 7000 倍もあるので，電子をはねとばしたときに α 粒子の受ける反跳は小さくて問題にならない．

さて，トムソンにしたがって原子内のプラス電荷は半径 R の球内に一様な密度で分布し，その全電荷が Ze であるとしよう．球の中心を通り，α 粒子の入射方向に平行に z 軸をとる．話が簡単になるように，α 粒子は点状の電荷 $2e$ と見なし，これが z 軸上を運動する場合（正面衝突）を考える．α 粒子がプラス電荷球から受ける電気的なクーロン反発力のポテンシャル $U(z)$ は，電磁気学によると，図 5-3 のようになる（ポテンシャルは付加定数だけ不定であるが，$|z|\to\infty$ で $U\to 0$ となるように付加定数をえらんだ）．

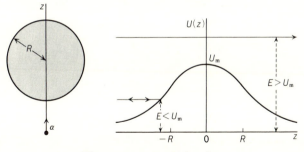

図 5-3　トムソンの原子モデル．

$|z|\geqq R$ なら，ポテンシャルは全電荷が球の中心に集中したのと同じで $|z|$ に逆比例する．$|z|<R$ なら増加はもっとゆるやかで，球の中心における値 U_m は表面 $|z|=R$ における値の 1.5 倍にすぎない．

$$U_\mathrm{m} = \frac{3}{2}\left(\frac{2Ze^2}{4\pi\varepsilon_0 R}\right) \tag{5.2}$$

無限遠 $z\to-\infty$ における α 粒子の運動エネルギー（**入射エネルギー**）を E_0 とすると，点 z における運動エネルギーは $E_0-U(z)$ である（エネルギー保存則）．$E_0<U_\mathrm{m}$ なら，$E_0=U(z)$ を満足する点 $z=-r_0$ で運動エネルギーが 0 になり，

α粒子はそこから逆もどりする．r_0 が最近接距離である．$E_0 > U_m$ なら，α粒子はプラス電荷球をつきぬけて $z = +\infty$ へとび去ってしまう．

トムソンはプラス電荷が原子全体に分布していると考えたのであるから，(5.2)で $R = 1$ Å とおいてみよう．ラザフォードは金のフォイルを使ったので，Z として金の原子番号79を代入しよう．すると，U_m は 10^3 eV 程度になる(以下 $[e^2/4\pi\varepsilon_0] \cong 10$ eV×1 Å と記憶しておくとよい)．一方，ラザフォードの実験に使われた α線は，エネルギー E_0 が 1 MeV $= 10^6$ eV 以上ある．こんな高いエネルギーの α粒子は，いうまでもなくトムソンの原子をほとんど素通りしてしまう．

α粒子を逆もどりさせるためには，プラス電荷の分布半径 R が 10^{-4} Å 以下，つまり原子半径よりはるかに小さいと仮定することが必要である．これはラザフォード-ボーアの原子核にほかならない．

α粒子と標的原子核の間の距離が α粒子の核半径および標的原子核の核半径より大きければ，α粒子を点電荷 $2e$，標的原子核を点電荷 Ze と見なすことがゆるされる．α粒子が正面衝突するときの最近接距離 r_0 は

$$\frac{2Ze^2}{4\pi\varepsilon_0 r_0} = \frac{1}{2}mv_0^2 \tag{5.3}$$

であたえられることになる．右辺は α粒子の入射エネルギーであって，m は α粒子の質量，v_0 は入射スピードである．r_0 が α粒子，標的核の核半径より大きければ，両者を点電荷と見てよいわけである．

ところで，点電荷が別の点電荷のおよぼすクーロン力によって散乱される衝突過程を，**ラザフォード散乱**とよぶ．散乱粒子の角度分布をあたえる公式が，ラザフォード自身によって導かれたからである(かれはもちろんニュートン力学を使ったが，幸い，量子力学を使っても同じ公式が得られる)．ラザフォードの公式は，金のような Z の大きい標的の場合，α線散乱の実験結果とよく一致した．アルミニウムのような Z の小さい標的の場合には，同じ入射エネルギーにたいして(5.3)のあたえる r_0 の値も小さく，標的核の核半径と同程度になった．このため，散乱角の大きいところでラザフォードの公式と実験との食い

違いがみとめられた(核内では電気的な力よりはるかに強い核力が働く.ただし,核力は**短距離力** short range force であって,核外にはおよばない).

以上のような α 線散乱の実験結果とその理論的解析によって,原子内のプラス電荷は半径 10^{-4} Å 以下のせまい空間に集中していること,つまり原子核の存在が確立されたのである.そればかりでなく,原子内部のようなミクロな空間でも,電荷の間に働く力はクーロンの法則にしたがうことが明らかになった.

問　題

1. 入射エネルギー 7.5 MeV の α 線が金の原子核に正面衝突するとして,最近接距離を (5.3) によって計算せよ.アルミニウム ($Z=13$) の場合はどうか？

5-3　ラザフォード散乱の断面積

散乱問題についての実験あるいは理論の結果は**散乱断面積** (scattering cross section) という量であらわされる.その説明からはじめよう.α 粒子のラザフォード散乱に即して説明するが,基本的な概念は一般の散乱にも通用する.

散乱断面積の定義　散乱実験は 1 個の α 粒子でなく,同一の入射速度をもつ多数の α 粒子の流れを標的にぶつけておこなわれる.入射方向 (z 軸) に垂直な単位断面積あたり単位時間に j_0 個の α 粒子が入射してくるものとする.j_0 を入射 α 線のフラックス密度とよぶ.

α 粒子は標的に衝突してさまざまな方向に散乱されるが,これを計数管で観測する.標的を中心とし,標的の寸法よりはるかに大きい R_0 の球面を考える.計数管をこの球面上のさまざまな位置に動かして,散乱粒子の角度分布をしらべるのである.入射方向を極軸とする極座標 R_0, θ, ϕ によって計数管の位置をあらわす.計数管は球面上の小面積 $\varDelta a$ に到着する α 粒子をカウントするものとすると,球の中心を頂点とし,$\varDelta a$ を底面とする錐体の中に散乱されてくる α 粒子の数が観測されることになる.錐体の立体角(錐体が半径 1 の球面から切りとる面積)は $\varDelta \Omega = (\varDelta a / R_0{}^2)$ である.

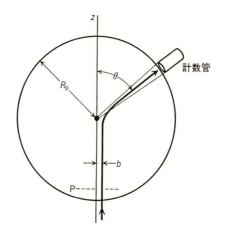

図 5-4 衝突パラメタと散乱角.

計数管が角 θ, ϕ であらわされる方向におかれているとき，これに命中させるためには入射α粒子をどう打ちこめばよいか？ はじめ標的核が1個だけある場合を考える．標的核よりずっと手前に，入射方向に垂直な面P(図5-4の破線)を考え，α粒子がこの面のどこを通過するかを，z軸から測った距離 b と z 軸のまわりの角 ϕ とであらわすことにしよう．入射速度は決まっているのであるから，b, ϕ が狙いを決めるパラメタということになる．

α粒子が標的核から受けるクーロン力は中心力であるから，軌道は z 軸をふくむ平面上にのっている．角 ϕ は軌道面を決めるパラメタである．図5-4はこの軌道面で切った断面図とおもえばよい．

結局，狙いを本質的に決めるのは b であり，b を決めれば散乱角 θ が決まる．b を衝突パラメタとよぶ．b を Δb だけ縮めたときに，θ が $\Delta \theta$ だけ増すとしよう．図5-4の計数管を狙うためには，平面Pの上で衝突パラメタが b と $b-\Delta b$ の間にあり，軌道面の傾きが ϕ と $\phi + \Delta \phi$ の間にある小面積(図5-5の斜影部分)

$$\Delta \sigma = b \Delta b \Delta \phi \tag{5.4}$$

を α 粒子が通過する必要がある．$\Delta \sigma$ を立体角 $\Delta \Omega$ への散乱の断面積とよぶのである．$\Delta \sigma$ が大きいほど，狙いやすいことになる．

フラックス密度 j_0 で多数の α 粒子を送りこむと，そのうちの $j_0 \Delta \sigma$ 個が単位

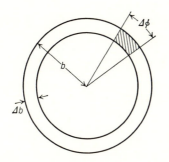

図 5-5 散乱断面積
$\Delta\sigma = b\Delta b\Delta\phi$.

時間内に $\Delta\sigma$ を通過し,立体角 $\Delta\Omega$ の中に散乱される.その数を ν と書くと

$$\nu = j_0 \Delta\sigma \tag{5.5}$$

実際の標的は標的核をマクロな数ふくむ.これを N と書くと,計数管のカウント数は毎秒 $N\nu$ に等しい.

理論上は

$$\frac{d\sigma}{d\Omega} = \lim_{\Delta\Omega\to 0}\frac{\Delta\sigma}{\Delta\Omega} = \frac{b}{\sin\theta}\left|\frac{db}{d\theta}\right| \tag{5.6}$$

で定義される**微分断面積**が使われる.ただし,(5.4) および $d\Omega = \sin\theta d\theta d\phi$ を利用した.(5.6) を使うと,計数管の計数率は

$$N\nu = Nj_0\left(\frac{d\sigma}{d\Omega}\right)\Delta\Omega \tag{5.7}$$

と書くことができる.この式のあたえる $N\nu$ の理論値を測定値と比較して,理論をチェックすることができる.

ラザフォードの散乱公式 点電荷 $2e$ と見なした α 粒子が,固定した標的電荷 Ze によって散乱される場合について,b と θ の関係を求めよう.α 粒子は逆 2 乗法則にしたがう反発力を受けるのだから,軌道は双曲線である(図 5-6).双曲線の 2 本の漸近線のなす角を $2\phi_0$ とし,その 2 等分線を ξ 軸にえらぶ.α 粒子の位置ベクトル $\mathbf{r}$ と ξ 軸のなす角を ϕ とし,α 粒子が ξ 軸を横切る時刻を $t=0$ とする.$t\to -\infty$ で $\phi\to -\phi_0$ であり,粒子の ξ 方向の運動量成分は $-mv_0\cdot\cos\phi_0$ である.$t\to +\infty$ で $\phi\to +\phi_0$ であり,粒子の ξ 方向の運動量成分は,$+mv_0\cos\phi_0$ である.ξ 方向の運動量成分は,$t=-\infty$ から $t=+\infty$ の間に $2m$

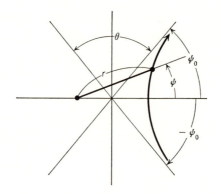

図 5-6 ラザフォード散乱.

・$v_0 \cos \phi_0$ だけ増加する．ニュートンの運動方程式によると，この運動量変化は粒子が標的から受ける力の ξ 成分を $t=-\infty$ から $t=+\infty$ まで時間積分したものに等しい．

$$2mv_0 \cos \phi_0 = \int_{-\infty}^{+\infty} \frac{\kappa}{r^2} \cos \phi \, dt \tag{5.8}$$

ただし $\kappa=(2Ze^2/4\pi\varepsilon_0)$ と略記した．

　(5.8)の右辺の時間積分は，角運動量保存則を利用すると，角 ϕ についての積分に変換できる．α 粒子の受ける力は中心力であるから，角運動量ベクトル

$$\boldsymbol{L} = \boldsymbol{r} \times m\boldsymbol{v} \tag{5.9}$$

は時間に無関係である．ベクトル積の定義によると，$\boldsymbol{L}$ は $\boldsymbol{r}$ にも $\boldsymbol{v}$ にも垂直であり，$\boldsymbol{r}$ と $\boldsymbol{v}$ のなす角を χ とすると，大きさは $L=mrv \sin \chi$ に等しい．$v \sin \chi$ は $\boldsymbol{r}$ に垂直な速度成分 $r(d\phi/dt)$ に等しい（図5-7）から

$$L = mr^2 \frac{d\phi}{dt} \tag{5.10}$$

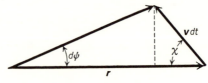

図 5-7　$vdt \sin \chi = r d\phi$.

5-3 ラザフォード散乱の断面積

他方，$r\sin\chi$ は標的から $\boldsymbol{v}$ に下した垂線の長さであり，$t\to-\infty$ で衝突パラメタ b に等しくなる（図5-4）．そのとき $v\to v_0$ だから，

$$L = mbv_0 \tag{5.11}$$

でもある．

例題1 (5.8), (5.10), (5.11) から b と散乱角 θ の関係を求めよ．

[解] (5.10), (5.11) により，

$$\frac{dt}{r^2} = \frac{d\phi}{bv_0}$$

これを(5.8)の右辺に代入して

$$2mv_0\cos\phi_0 = \int_{-\phi_0}^{\phi_0} \frac{\kappa}{bv_0}\cos\phi\, d\phi$$
$$= \frac{2\kappa}{bv_0}\sin\phi_0$$

b を ϕ_0 であらわし，散乱角は $\theta=\pi-2\phi_0$ であたえられることに注意すると

$$b = \frac{\kappa}{mv_0^2}\tan\phi_0 = \frac{\kappa}{mv_0^2}\cot\frac{\theta}{2}$$

がえられる．|

この式に κ の定義式を代入し，最近接距離 r_0 の定義(5.3)に注意すると

$$b = \frac{1}{2}r_0\cot\frac{\theta}{2} \tag{5.12}$$

これを(5.6)に代入すると

$$\boxed{\frac{d\sigma}{d\Omega} = \left(\frac{r_0}{4}\right)^2\frac{1}{\sin^4(\theta/2)}} \tag{5.13}$$

これが**ラザフォードの公式**であって，(5.7)に代入すると，Z の大きい場合の α 線散乱の実験結果とよく一致するのである．

なお(5.13)は $\theta\to 0$ で発散するが，これはクーロン力が**長距離力**(long range force)であって，衝突パラメタ b がどんなに大きくても粒子がわずかながら散乱されるためである．実際には，α 粒子と標的核の距離が原子の大きさ程度になると，原子内電子のマイナス電荷が核のプラス電荷を打ち消すシールド効果

があるので，b が 1 Å 以上の衝突にラザフォードの公式を使うのは正しくないのである．

問　題

1. (5.12)から(5.13)を導け．

2. 入射エネルギー 7.5 MeV の α 粒子が厚さ 10^{-6} m の金のフォイルに毎秒 10^6 個入射してくる．標的を中心に半径 5.5×10^{-2} m の球面上に有効面積 4.0×10^{-4} m^2 の計数管をおく．入射方向と $60°$ をなす方向でのカウント数は毎秒いくらか？　金の比重は 19.3，原子質量は 197 amu であるとする．

5-4　ボーアの量子論

いちばん単純な水素原子について，ボーアの量子論を説明しよう．話をわかりやすくするために，電子が陽子を中心とする一定半径 r の円軌道上を定速 $v=r\omega_e$ で運動している状態を考える．電子の遠心力と陽子から受けるクーロン引力とが釣り合っていることを式で書くと

$$\frac{e^2}{4\pi\varepsilon_0 r^2}=\frac{m_e v^2}{r}=m_e r\omega_e^2 \tag{5.14}$$

この式は，電子が軌道をまわる角速度 ω_e が $r^{3/2}$ に逆比例することを示しており，太陽系の惑星に関するケプラーの第 3 法則に相当する．

電子が陽子から受けるクーロン引力のポテンシャルは

$$U(r)=-\frac{e^2}{4\pi\varepsilon_0 r} \tag{5.15}$$

ただし，$r\to\infty$ で $U\to 0$ となるように付加定数をえらんである．つまり，電子が陽子から無限にはなれて静止している状態のエネルギーを 0 にえらぶのである．電子の力学的エネルギーは

$$E=\frac{1}{2}m_e v^2+U(r)=-\frac{e^2}{8\pi\varepsilon_0 r} \tag{5.16}$$

最右辺の表式は，運動エネルギーの v^2 を(5.14)によって r であらわせば得ら

5-4 ボーアの量子論

れる.図5-1は(5.16)のEとrの関係を示したものであり,$r \to 0$で$E \to -\infty$となる.

5-1節で述べたように,マクスウェル電磁気学によると,荷電粒子である電子が円運動という加速度運動をおこなえば,角振動数ω_eの電磁波を放出するはずである.これによって電子は力学的エネルギーを失い,軌道半径を縮めてゆくことになる.たとえば,気体放電によって気体中の原子を発光させる場合,原子内の電子の軌道半径,したがってω_eは,原子ごとにさまざまな値をもっているであろうから,発光スペクトルは連続的になるはずである.ところが,実験によると,水素原子が赤外部から紫外部にわたって発する光の振動数は

$$\boxed{\nu = Rc\left(\frac{1}{n^2} - \frac{1}{n'^2}\right)} \tag{5.17}$$

の形にあらわされる.n, n'は自然数$(n < n')$であり,$R = 1.09737 \times 10^7 \, \text{m}^{-1}$は**リュードベリ定数**とよばれる.

以上を要約すると,古典論はラザフォードの原子構造が安定であることを説明できないだけでなく,その発光スペクトルが離散的だという事実も説明できない.古典論では,軌道半径rが0から∞までの間の勝手な価をとりうるからである.

ボーアの量子論 電子が陽子から受けるクーロン引力は中心力であって,角運動量の大きさ(5.10),つまり

$$L = m_e r^2 \omega_e \tag{5.18}$$

は時間によらない.(5.14)と(5.18)からω_eを消去すると

$$r = \frac{4\pi\varepsilon_0}{m_e e^2} L^2 \tag{5.19}$$

これを(5.16)に代入すると

$$E = -\frac{m_e e^4}{32\pi^2 \varepsilon_0^2} \cdot \frac{1}{L^2} \tag{5.20}$$

角運動量の大きさ(5.18)は,古典論では任意の値をとりうるのであるが,実は量子化されていて

$$L = \frac{h}{2\pi}n, \quad n = 1, 2, 3, \cdots \quad (5.21)$$

というとびとびの値しかとりえない,とボーアは考えた. h はプランク定数である(プランク定数の単位 J·s=kg·m²·s⁻¹ は角運動量の単位と一致することに注意). 整数 n を**量子数**(quantum number)とよぶ. ボーアの量子論は,**量子化条件**(5.21)を満足する軌道上を電子が運動しているかぎり,電磁波の放出・吸収はおこらないと仮定する. この運動状態が5-1節で述べた定常状態である. 実際, (5.21)を(5.19)に代入すると,定常状態の軌道半径は $n^2 a_B$ に等しいことがわかる. ただし, a_B は(5.1)であたえられるボーア半径である.

また, (5.21)を(5.20)に代入して,定常状態のエネルギー

$$\boxed{E_n = -\frac{m_e e^4}{8\varepsilon_0^2 h^2} \cdot \frac{1}{n^2}} \quad (5.22)$$

がえられる. これが水素原子中の電子のエネルギー準位ということになる. 調和振動子のエネルギー準位は等間隔であったが, (5.22)はそうでない(図5-8).

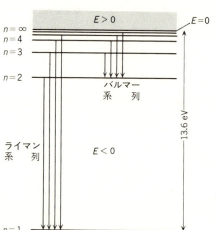

図 5-8 水素原子中の電子のエネルギー準位.

ボーアの量子論は,電磁波の放出または吸収は,電子がある定常状態から別の定常状態へ遷移をおこなうときにおこると考える. いま $n'>n$ として,量子数 n' の定常状態から量子数 n の定常状態へ電子が遷移し,これにともなって

5-4 ボーアの量子論

電磁波が放出されたとしよう．放出される電磁波の振動数は，

$$\nu_{nn'} = \frac{1}{h}(E_{n'} - E_n) \quad (5.23)$$

であたえられる(**ボーアの振動数条件**)．これは光子という概念で考えた方がわかりやすい．遷移の前後で電子のエネルギーは $E_{n'} - E_n$ だけ減少するが，これにちょうど等しいエネルギー $h\nu$ をもった光子が1個放出されると考えれば，振動数 ν は(5.23)であたえられることになる．

電子が量子数 n の定常状態から量子数 n' の定常状態に遷移し，これにともなって電磁波の吸収がおこる場合にも，吸収される電磁波の振動数は(5.23)であたえられる．

さて，(5.23)に(5.22)を代入し，

$$R = \frac{m_e e^4}{8\varepsilon_0^2 ch^3} = 1.097 \times 10^7 \, \text{m}^{-1} \quad (5.24)$$

とおけば，(5.17)と同じ形が得られる．(5.24)はリュードベリ定数にたいする理論式と見ることができる．普遍定数の値を代入した R の理論値が(5.24)の最右辺であって，実験値と一致する．ボーアの量子論は，水素原子の安定性とその線スペクトルの説明に成功したのである．

例題1 電子が陽子を中心にボーア半径 a_B で等速円運動しているとき，これにともなって流れる円電流の強さ I と，円電流による磁気モーメントの大きさ $\mu = \pi a_\text{B}^2 I$ を求めよ．

［解］　軌道半径 r，公転周期 ν_e^{-1} で電子が円運動しているとする．軌道に垂直な断面を電荷 $-e$ が毎秒 ν_e 回通過するから，強さ $I = e\nu_\text{e}$ の電流が電子の運動と逆むきに流れているのと等価である．電磁気学によると，この円電流の作る磁場は，磁気モーメントの大きさが $\mu = \pi r^2 I$ の双極子(小磁石)の作る磁場と遠方で一致する．一方，電子の角運動量の大きさ(5.18)は $L = 2\pi\nu_\text{e} m_e r^2$ と書けるので

$$\mu = \frac{e}{2m_e} L \quad (5.25)$$

ラザフォードとボーア

　α粒子の散乱断面積にたいするラザフォードの公式は，原子の中心にプラス電荷Zeでなく$-Ze$があるとしても（図5-6の標的核がα粒子の双曲線軌道の外側でなく内側にくるだけで），実は修正の必要がない．だからこの公式と実験データを較べて中心電荷の符号を決めることはできない，とラザフォードは注意している．実験家らしい慎重な態度である（ただし，$+Ze$とすれば，放射性核から放出されるα粒子の大きな運動エネルギーを，α粒子と放射性核の間の電気的反発力で説明できるとコメントしている）．また，中心電荷をうち消す逆符号の電荷についても，一応は半径1Å程度の球内に一様に分布していると考えるが，土星の輪のように分布しているという長岡半太郎のモデル（1904年）も考えられると指摘している．その当否をα線散乱の実験で判定できないからである．

　原子の中心にプラス電荷をもつ重い原子核があり，電子が核のまわりを運動している，とはじめて断言したのはボーアである．かれにとってはこれが出発点であり，この原子構造とプランクの量子論とをむすびつけて原子の安定性と線スペクトルを説明することが目的であった．1911年に学位を取得したボーアはデンマークからイギリスに留学し，まずトムソンのもとで原子構造への関心を高め，翌年ラザフォードの研究室に移ってそれこそ湯気の立つような新しい実験データとその解析に接する機会を得た．原子発光の線スペクトルについては，はじめあまり関心がなかったのであるが，友人の分光学者にバルマー系列の公式を見せられたとき，原子構造の問題のキー・ポイントがそこにあることを感じたという．

の関係がある．とくに $r=a_B$，つまり $L=(h/2\pi)$ のとき，(5.25)のあたえる磁気モーメントは

$$\mu_B = \frac{eh}{4\pi m_e} \tag{5.26}$$

に等しい．これを**ボーア・マグネトン**(Bohr magneton)とよぶ．∎

かりに $h \to 0$ とすれば $\mu_B \to 0$ であることに注意しておこう．物質の磁気的性質を荷電粒子の運ぶミクロな電流で説明しようとする試みは古くからあったが，本物の磁性理論は，量子論の出現によってはじめて可能になったのである．

問　題

1. 陽子を固定した力の中心と考えずに，その位置ベクトル r_p と電子の位置ベクトル r_e にたいする運動方程式を書け．

$$r_c = \frac{1}{m_e+m_p}\{m_e r_e + m_p r_p\}, \quad r = r_e - r_p$$

で定義される重心および相対位置ベクトルの運動方程式を導け．(5.22)はどのように修正されるか？

2. 水素原子(H)と重水素原子(D)とで，リュードベリ定数はどれだけちがうか？
ヒント：前題の結果を利用せよ．

5-5　光の放出・吸収

水素原子中の電子の場合，前節に述べた円軌道モデルを採用すれば，定常状態は量子数 n で区別される(楕円軌道を考えると話がもっと複雑になる)．エネルギーのいちばん低い $n=1$ の定常状態を**基底状態**(ground state)とよび，$n \geq 2$ の定常状態を**励起状態**(excited state)とよぶ．また，エネルギーのより高い定常状態へ遷移させることを，電子を**励起**(excite)するという．

基底状態にある電子は安定で，電磁波を放出することなく，いつまでもこの状態にとどまっている．その意味で基底状態の**寿命**(life time)は無限大である．基底状態にある電子を励起状態へ励起するためには，光で照射したり他の高速

粒子を衝突させたり，外部から何らかの刺戟を加えることが必要である．たとえば，原子に高速電子を衝突させて原子内電子を励起することができる(内部運動の励起をともなうこの種の衝突を一般に**非弾性衝突** inelastic collision とよぶ)．同様の電子励起は，高温の気体中の原子間あるいは分子間衝突でもおこる．

発光スペクトル 何らかの方法で励起状態に励起された電子は，外部からの刺戟がなくても，電磁波を放出してエネルギーの低い励起状態または基底状態に遷移する．これを電磁波の**自然放出**(spontaneous emission)とよぶ．したがって，基底状態とちがって励起状態は有限な寿命をもつことになる．

放出される電磁波の振動数は(5.23)であたえられる．最初に発見されたのは可視部から紫外部にわたって観測される $n=2$, $n'=3,4,5,\cdots$ のスペクトル線($H\alpha$線，$H\beta$線，$\cdots$)の系列であって，**バルマー系列**とよばれる．$n=1$, $n'=2,3,4,\cdots$ は**ライマン系列**，$n=3$, $n'=4,5,6,\cdots$ は**パッシェン系列**などとよばれている．

イオン化エネルギー (5.22)の右辺の普遍定数の値を代入すると，基底状態のエネルギーとして

$$E_1 = -13.6 \text{ eV} \tag{5.27}$$

がえられる．これは，電子が陽子から無限に離れて静止しているときのエネルギーを 0 とした値で，これにくらべると基底状態のエネルギーは 13.6 eV 低いのである．したがって，基底状態にある電子にたとえば 15 eV のエネルギーをあたえたとすれば，陽子から無限に遠く離れても電子はなお +1.4 eV の運動エネルギーをもって飛び去ってゆく．その結果，水素原子は電子を失って H^+ イオン(裸の陽子)になる．このようなイオン化がおこるためにぎりぎり必要なエネルギーは 13.6 eV であり，これを水素原子の**イオン化エネルギー**(ionization energy)とよぶ．

基底状態にある電子にイオン化エネルギー以上のエネルギーを与えれば，これとイオン化エネルギーとの差に等しい運動エネルギーをもって電子は飛び去るのであるから，この運動エネルギーには任意の値をとらせることができる．

その意味で，図5-8の$E>0$の部分ではエネルギー準位は連続的に分布している．$E<0$の部分は電子が陽子に**束縛されている状態**(bound state)のエネルギーであり，$E>0$の部分は電子がこの束縛を脱した状態のエネルギーである．

例題1 基底状態にある水素原子を光照射でイオン化したい．必要な光の波長の上限を求めよ．

[解] 振動数νの光でイオン化をおこすには
$$h\nu \geqq I$$
が必要．左辺は電子によって吸収される光子のエネルギー，右辺はイオン化エネルギー$I=13.6$ eVである．波長$\lambda=(c/\nu)$の上限は
$$\lambda = \frac{hc}{I} \cong \frac{6.6\times10^{-34}\,\mathrm{J\cdot s} \times 3.0\times10^{8}\,\mathrm{m\cdot s^{-1}}}{2.2\times10^{-18}\,\mathrm{J}}$$
$$= 9\times10^{-8}\,\mathrm{m} = 900\,\mathrm{Å}$$
となる．▌

吸収スペクトル 絶対温度Tにおいて電子が$n=2$の状態に熱的に励起されている(図5-9 a)確率と，基底状態$n=1$にとどまっている(図5-9 b)確率との比は，ボルツマン因子の比
$$\frac{e^{-E_2/k_\mathrm{B}T}}{e^{-E_1/k_\mathrm{B}T}} = e^{-\frac{1}{k_\mathrm{B}T}(E_2-E_1)} \tag{5.28}$$
であたえられる．E_2は(5.27)の1/4であるから，$E_2-E_1 \cong 10$ eV$\cong 1.6\times10^{-18}$ J，$(E_2-E_1)/k_\mathrm{B} \cong 10^5$ Kである．$T=10^4$ Kとしても，(5.28)の右辺は$\exp(-10)\cong 10^{-5}$であって，水素原子中の電子が熱的に励起されている確率は非常に小さい．

したがって，水素原子を光照射で励起する場合，基底状態からの励起を考え

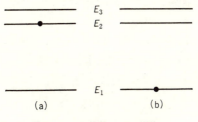

図5-9 励起状態と基底状態．

ればよい．振動数 ν の単色光を使うとしよう．光子のエネルギー $h\nu$ がイオン化エネルギー $I=13.6\,\mathrm{eV}$ 以上なら，ν の任意の値にたいしてイオン化がおこる．$h\nu<I$ なら，エネルギー保存則 $h\nu=E_n-E_1$ を満足するとびとびの ν の値にたいしてだけ光の吸収がおこる．この振動数は発光スペクトルのライマン系列と一致する．それ以外の光にたいして水素原子は透明である．

単色光の代りに連続スペクトルの光を使う場合には，水素気体を通過させたあとで光を分光器にかける．ライマン系列の振動数をもつ光が気体中の原子によって吸収されるので，明るい連続スペクトルの中にライマン系列のスペクトル線が暗線として観測される．

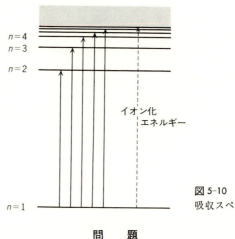

図 5-10 水素原子の吸収スペクトル．

問　題

1. ヘリウム原子をイオン化するのに最低 $25\,\mathrm{eV}$ のエネルギーが必要であるという．気体ヘリウム中の原子衝突によってイオン化がおこるためには，どの程度の温度に気体を熱する必要があるか？

2. Li^{++} イオンのイオン化エネルギー（$\mathrm{Li}^{++}\to\mathrm{Li}^{+++}$ に必要なエネルギー）を求めよ．

3. 水素原子の $\mathrm{H}\alpha$ 線（$n'=3\to n=2$ による発光）を観測したい．基底状態にある水素原子にどの程度のエネルギーをあたえればよいか？

5-6 電子衝撃

基底状態にある水素原子を励起するには,光照射の代りに電子衝撃を使うこともできる.たとえば,図5-11は陰極C,陽極P,希薄な水素気体をガラス管に封入したものである.Cを別のヒーターで熱すると,そこから蒸発した電子がCP間の電圧Vで加速され,Pに到達したとき運動エネルギーeVをもつ.陽極に流れる電流IをVの関数としてプロットすると,図のように$V=13.6\text{ V}$でグラフの勾配が急に変化する.

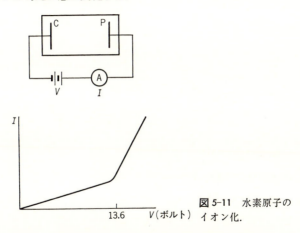

図5-11 水素原子のイオン化.

$V<13.6\text{ V}$であれば,陽極付近に達した電子が水素原子に衝突しても,これをイオン化するだけのエネルギーは供給できない.Vが13.6 Vに達すれば,電子は水素原子に衝突してこれをイオン化し,自身の運動エネルギーはほとんど0になるという過程が可能である.こうして生じたH^+イオン(陽子)が陽極付近にたまっている電子による負電荷を打ち消すために,陽極電流が急に大きくなるのである.

フランク-ヘルツの実験 これは電子衝突法を使って,したがって光励起法とは独立に,定常状態の存在を実証したものである.図5-11の陽極Pを,電子が通過できる網目状の陽極P_1と集電極P_2とにおきかえたもので,Cから蒸

発した電子はCP$_1$間の電圧Vで加速され，P$_1$P$_2$間の電圧ΔVで減速される．ΔVを固定してVを0から増すとき，P$_2$に流れる電流I_2は図5-12のように変化する．

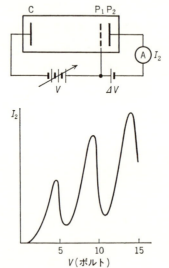

図5-12 フランク-ヘルツの実験．

気体原子の基底状態とすぐその上の励起状態のエネルギー差を電圧に換算するために$E_2-E_1=eV_1$によってV_1を定義する．図5-12のI_2の急激な減少は，ちょうど$V=V_1$をこえたあたりでおこるのである．

$V<V_1$の間は，電子が気体原子に衝突しても原子内電子を励起するだけの運動エネルギーがなく，衝突は弾性衝突である．加速電圧がV_1に達すると，原子内電子の励起をともなう非弾性衝突が可能になる．この場合，入射電子は衝突によって運動エネルギーの大部分を失ってしまうから，減速電圧ΔVに追い返されてP$_2$に到達することができない．$V=V_1$をこえたところでI_2が急に減少するのはこのためである．

非弾性衝突によって励起された原子内電子は，光を放出して再び基底状態にもどる．フランク(J. Franck)とヘルツ(G. Hertz)はこの発光スペクトルの観測に成功し，放出される光の振動数νが電圧V_1と$h\nu=eV_1$の関係にあることを

確かめた(1914年). もっとも, かれらの使った気体は水銀蒸気であって水素ではない. 水素は分子を形成し, 電子衝撃によって分子の解離がおこるので, 定常状態の存在を実証するという目的には適さない. なお, 水銀の場合, $V_1=4.9\,\mathrm{V}$ である.

モーズレイの法則 2個以上の電子をふくむ原子の場合には, 各電子が核から受けるクーロン引力はその電子の位置だけで決まるが, 電子間に働くクーロン反発力は注目した電子の位置だけでなく相手の電子の位置にも関係する. 運動方程式を厳密に解くことはむずかしいし, かりに解けたとしても, ボーアの量子化条件をどのように一般化して適用すればよいかわからない.

近似的な考え方として, 電子は核を中心とする各自の軌道を太陽系の惑星のように運動していると仮定する. すくなくも第1次近似としては, 電子はおたがいに独立に各自の軌道をまわると考えるのである.

この近似は, 原子のいちばん深部, 核に近い軌道をまわる電子にたいしてよくあてはまるとおもわれる(この電子をK電子とよぶ). K電子に働く力としては, 核からのクーロン引力が重要であり, K電子よりもっと外側の軌道をまわる電子からのクーロン反発力はさほど重要ではなかろう. 後者を無視するなら, 原子番号 Z の原子の場合, K電子のエネルギー E_K は, 水素原子の基底状態のエネルギーで陽子の電荷 e を Ze でおきかえた表式によってあたえられる. つまり, (5.22)で $n=1$ とおき, e^4 を $(Ze^2)^2$ でおきかえればよいのであって

$$E_\mathrm{K} = -13.6Z^2\,\mathrm{eV} \tag{5.29}$$

となる.

E_K の絶対値より大きな運動エネルギーをもつ電子を外から原子に衝突させ, K電子を原子の外にはじきとばして原子をイオン化したものとしよう. 空っぽになったK軌道に, もっと外側の軌道をまわっていた電子が遷移し, 光子が放出される. どの軌道の電子が遷移するかによって光の振動数はさまざまであるが, このスペクトル線の系列には, 振動数の上限 ν_K がある. (5.29)を代入すると $\nu_\mathrm{K}=RcZ^2$ である.

例題1 原子番号 $Z=30$ として振動数の上限 ν_K に対応する波長 $\lambda_\mathrm{K}=c/\nu_\mathrm{K}$ を

求めよ.

[解] リュードベリ定数の値(5.24)を代入して

$$\lambda_K = \frac{1}{RZ^2} = 1.01 \text{ Å}$$

これはX線領域の波長である.

ν_K の測定値を使って $[\nu_K/Rc]^{1/2}$ と Z の関係をグラフに描くと直線になる. しかし, 直線は原点を通らないで, $[\nu_K/Rc]^{1/2} = Z - \sigma$ の形である. 正の定数 σ は, K電子より外側の軌道をまわる電子が, K電子に核のおよぼすクーロン引力をいくらか弱めることを示している.

モーズレイ(H. G. J. Moseley)は ν_K の測定という物理的方法をはじめて原子番号 Z の決定に利用した(1913年). それまでは周期表上の元素の番地にすぎなかった Z が, 原子核の電荷と実験的に関係づけられたのである. たとえば, 当時はニッケル(原子量58.69)がコバルト(原子量58.94)より周期表上で前におかれていたのであるが, モーズレイはコバルトの $Z=27$, ニッケルの $Z=28$ であることを ν_K の測定によって明らかにした.

問　題

1. 電子を電圧9.5Vで加速して水素原子に衝突させたとき, どんな波長の光が放出されるか? 加速電圧が12Vならどうか?

2. フランク-ヘルツの実験(図5-12)で, 加速電圧が 4.9×2 V, 4.9×3 V のところにも4.9Vのところと同様の電流の減少がおこっている. これはなぜだろうか?

5-7　ゾンマーフェルトの量子化条件

ボーアの量子論は陽子のまわりの電子の角運動量が(5.21)のように量子化されていることを仮定し, 一方, プランクの量子論は, 振動数 ν の調和振動子のエネルギーが $h\nu$ の整数倍に量子化されていることを仮定した. これら2つの仮定は, 以下示すように, 実はもっと基本的な1つの仮設に帰着させることが

5-7 ゾンマーフェルトの量子化条件

できるのである.

ゾンマーフェルトの量子化条件 第3章で注意しておいたように,調和振動子の位置 q,運動量 p を直交座標とする相平面上で,振動子の古典力学的状態をあらわす代表点は原点を中心とする楕円上を運動する.

例題1 この楕円のかこむ面積を求めよ.

[解] 振動子のエネルギーを E とすると

$$\frac{1}{2mE}p^2 + \frac{2\pi^2 m\nu^2}{E}q^2 = 1$$

と書くことができる.これは qp 平面上の楕円をあらわし,$a=[E/2\pi^2 m\nu^2]^{1/2}$,$b=[2mE]^{1/2}$ が,それぞれ q 軸および p 軸方向の主軸の長さである.楕円の面積をあらわす公式 πab に代入して,面積は E/ν であることがわかる. ∎

プランクの量子論は $E = nh\nu$ $(n=0,1,2,\cdots)$ を仮定するのであるから,楕円の面積でいえば h の整数倍である.これは

$$\oint p\,dq = nh \tag{5.30}$$

と書くことができる.左辺の記号は振動の1周期にわたって積分することを意味する.いまの場合,p は q の2価関数であるが,$p>0$ の分枝を q について $-a$ から $+a$ まで積分し,$p<0$ の分枝を q について $+a$ から $-a$ まで積分することになり(図5.13),(5.30)の左辺は楕円の面積に等しい.

ゾンマーフェルト(A. Sommerfeld)は,ボーアの量子化条件(5.21)もやはり

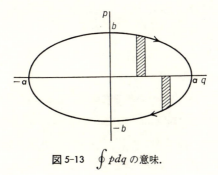

図5-13 $\oint p\,dq$ の意味.

(5.30)の形に表現できることに気づいた.これを確かめるには,陽子のまわりの電子の運動を正準形式で記述する必要がある.電子の位置を軌道平面上の極座標,つまり陽子からの距離 r と陽子のまわりの回転角 ϕ であらわそう.r に対応する運動量を p_r,ϕ に対応する'運動量'を p_ϕ と書く.括弧づきにしたのは,ϕ が普通の座標でなく角度であることに対応して,p_ϕ も普通の運動量ではなく,すぐあとでわかるように実は角運動量になるからである(この点の一般論に興味がある読者は,物理入門コース『解析力学』を参照).これらの正準変数を使うと,ハミルトニアンは次の形になる.

$$H = \frac{1}{2m_e}p_r^2 + \frac{1}{2m_e r^2}p_\phi^2 - \frac{e^2}{4\pi\varepsilon_0 r} \tag{5.31}$$

例題2 (5.31)のハミルトニアンを使って正準運動方程式を書き下し,極座標であらわしたニュートンの運動方程式を導け.

[解] まず

$$\frac{dr}{dt} = \frac{\partial H}{\partial p_r} = \frac{p_r}{m_e}, \qquad \frac{d\phi}{dt} = \frac{\partial H}{\partial p_\phi} = \frac{p_\phi}{m_e r^2}$$

第2式から p_ϕ は角運動量(5.10)であることがわかる.上式を

$$\frac{dp_r}{dt} = -\frac{\partial H}{\partial r} = -\frac{e^2}{4\pi\varepsilon_0 r^2} + \frac{p_\phi^2}{m_e r^3}$$

$$\frac{dp_\phi}{dt} = -\frac{\partial H}{\partial \phi} = 0$$

に代入すると,第1式は r にたいするニュートンの運動方程式をあたえ,第2式は角運動量保存則をあたえる.第1式最右辺の第2項が遠心力である.∎

円運動は $r=$ 定数,$p_r=0$ の場合で,このとき電子の状態は ϕp_ϕ 平面上の1点で代表される(図5-14).ただし,ϕ と $\phi+2\pi$ とは円周上で同じ位置をあらわすから,$0 \leq \phi \leq 2\pi$ と制限してよく,$\phi=0$ と $\phi=2\pi$ とは同じ点をあらわす(相空間は円筒面と考えた方がよい).角運動量の大きさを L とすれば,代表点の軌道は $p_\phi=L$ であらわされ,(5.30)の左辺は図5-14の灰色の部分の面積である.したがって,$2\pi L = nh$ となり,ボーアの量子化条件(5.21)が得られる.

ただし,プランクの場合には $n=0$ をゆるすことができたが,ボーアの場合

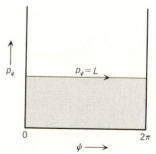

図 5-14 円運動の相平面表示.

$n=0$ は軌道半径が 0, エネルギーは $-\infty$ になってしまうので，これを除く必要がある．

ボーア理論の限界 (5.30)は前期量子論のいちばん基本的な公式であって，古典力学で可能な運動のうちで，この条件式を満足するものだけが，量子論における定常状態としてゆるされるのである．しかし，この量子化条件のもっと深い意味はボーアの理論ではわからない．これと関連して，すでに述べたように，電子を2個以上ふくむ原子の場合に量子化条件がどうなるかもわからない．同じことは，水素原子の場合でも，双曲線軌道を運動する電子（電子と陽子の衝突）についていえる．

しかし，ボーアの量子論のいちばん基本的な弱点は，遷移を扱う組織的な理論形式がないことである．遷移は非古典的な概念であって，遷移の途中で電子がどんな軌道を描くかといった種類の質問は一切無用だとされる．ある時間内に，注目した遷移がどのくらいの確率でおこりうるかという**遷移確率**(transition probability)だけが問題になる．遷移確率が大きいほど，遷移の際に放出（または吸収）される電磁波の強度は大きい．つまり，スペクトル線の振動数だけでなくその強度まで知ろうとすると，遷移確率の計算が必要になるが，その方法がわからないのである．前期量子論はいろいろ工夫を試みたのであるが，その説明は省略する．

ただし，**選択則**(selection rule)という概念だけは説明しておこう．ある遷移は，遷移確率が0であれば**禁止**(forbidden)遷移であるといい，そうでなければ**許容**(allowed)遷移であるという．その判定をあたえる規則が選択則である．

たとえば，振動数 ν_e で調和振動をおこなっている荷電粒子が，その振幅よりはるかに波長の長い光を放出，吸収して遷移をおこすとすると，そのエネルギー $E=nh\nu_e$ の変化は $\pm h\nu_e$ にかぎられる．量子数 n の変化 Δn であらわすと

$$\Delta n = \pm 1 \tag{5.32}$$

が許容転移で，他はすべて禁止転移である（この選択則は，物理入門コース『量子力学II』で導く）．放出・吸収される光の振動数 ν は振動子の力学的振動数 ν_e と一致することになるが，これは調和振動子の場合の**特殊事情**であって，たとえば水素原子の(5.23)についてはこうはならない．

粒子・波動の2重性

X線を例として光の場合の粒子・波動の2重性を説明し，この2重性を物質全体におしひろげる物質波という概念および物質波の波動方程式としてのシュレーディンガー方程式の発見について述べる．

6 粒子・波動の2重性

6-1 序論

　第1章で指摘しておいたとおり，ローレンツ-アインシュタインの古典的な電子論は，真空の'励起状態'として電子(=荷電粒子)と光(=電磁波)を考える2元論であった(以下，誤解のおそれがないかぎり，可視部以外の波長の電磁波——たとえばX線——も光とよぶ)．実際，古典論の粒子と波動はエネルギーの蓄積状態が全く異なる．電磁波のエネルギーは空間的にひろがり，エネルギー密度(=1 m^3 あたりのエネルギー)は振幅の2乗に比例する．振幅を小さくすることによって，エネルギー密度をいくらでも小さくすることができる．一方，粒子のエネルギーは空間的に集中し，しかも静止エネルギーより低い値をとることができない．

　第4章で述べたアインシュタインの光量子論は，この古典的な描像に疑問を投じた．光電効果やこの第6章で述べる**コンプトン効果**(Compton effect)——もっと一般には物質粒子とのエネルギーのやりとりの際，光はエネルギーの集中した粒子のようにふるまうのである．しかし，一方では光が電磁波であることを示す確かな証拠があって，18世紀の光の粒子論に戻るわけにもゆかない．光は粒子・波動の2重性をもつと考えざるをえないのである．この第6章の前半では，X線を例にとり，この2重性についてやや詳しい説明を加えることにしよう．

　ところで，光が粒子・波動の2重性をもつとすれば，これまでもっぱら粒子とされてきた電子や陽子が波動性を示すこともあるのではないか，とド・ブロイ(L. de Broglie)は考えた(1924年)．この**物質波**(material wave)という概念の導入によって，粒子・波動の2重性が一挙に物質全体におしひろげられた．ローレンツの古典論にあった光と電子の差別は消え，その代りに光そのもの，電子そのものが粒子・波動の2重性をもつことになったのである．この2重性を統一的に把握するための理論体系が，量子力学にほかならない．

　ド・ブロイの発想を**波動力学**(wave mechanics)という形に定式化し，物

質波をあらわす**波動関数**(wave function)の満足すべき**波動方程式**を確立したのは，シュレーディンガー(E. Schrödinger)である．この方程式は**シュレーディンガー方程式**とよばれる．ちょうど古典力学のニュートンの運動方程式にあたるような，量子力学の基本方程式である．この第6章の後半で，電子を例にとりながら，ド・ブローイの物質波とシュレーディンガーの波動力学について説明を加えることにしよう．

しかし，シュレーディンガー方程式の発見で量子力学が完成するわけではない．方程式の未知変数である波動関数の物理的意味がまだ明らかでなく，方程式の解が求まっても，物理量の測定値について理論的な予測をおこなう方法がわからないからである．この問題にたいする答は第7章で述べることにしよう．また，こうしてでき上った量子力学の基本法則は，公式集のような形で『量子力学Ⅱ』の冒頭に要約してある．

なお，量子力学の形成過程には，ド・ブローイ－シュレーディンガー路線とならぶもう1つのアプローチがあったことを指摘しておく必要がある．ハイゼンベルク(W. Heisenberg)，ボルン(M. Born)，ヨルダン(P. Jordan)は**行列力学**(matrix mechanics)という形で量子力学の定式化に成功したのである(1925年)．かれらは，一部に古典力学の軌道概念を利用するボーアの中途半端な立場を放棄し，ミクロな粒子の位置や運動量は行列であらわされるとして新しい力学を建設した．

でき上った量子力学の立場から見ると，この行列力学とシュレーディンガーの波動力学とは，同じ量子力学の異なる**表示**(representation)にすぎないのであって，同じベクトルでも異なる座標系に投影すれば異なる成分であらわされるのと似た事情である．『量子力学Ⅱ』で量子力学の基本法則を総括する際に，物理量の行列による表示について述べることにする．

6-2 結晶によるX線散乱

光の波動性を示す具体例として，結晶によるX線の散乱を考えるのであるが，

まずX線の発生法について簡単に触れておこう．

制動放射 図6-1のように，フィラメントFから蒸発した電子を$10^3\sim10^4$ Vの電圧で加速し，対陰極とよばれる固体Tに衝突させると，波長$1\sim10$ Åの電磁波がTから放出される．これがX線であり，透過力の強いふしぎな放射線としてレントゲン(W. K. Röntgen)が発見した(1895年)．

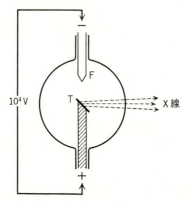

図6-1 X線管．

固体に衝突した電子の大部分は，固体中の原子と非弾性衝突を何回もくり返して運動エネルギーを失い，固体を暖める(だから対陰極の冷却が必要である)．しかし，少数ではあるが，ただ1回の衝突で運動エネルギーのほとんどすべてを失ってしまう電子がある．この場合，電子にはものすごいブレーキがかかるわけで，この(負の)加速度運動にともなってX線が放射されるのである．このメカニズムを**制動放射**(ドイツ語でBremsstrahlung)とよぶ．放出されるX線の振動数は連続スペクトルをもっている．

このほかに，前章でモーズレイの法則として述べたように，入射電子が固体中の原子のK電子をはねとばし，同じ原子内の他の電子がその空席に遷移してX線を放出するというメカニズムがある．この場合のX線は対陰極物質特有の線スペクトルを示すので，**特性X線**とよばれる．

X線が電子の制動放射による非常に波長の短い電磁波だろうという予想は発見直後からあった．不完全ながらX線の回折実験もおこなわれ，波長が1Å付近にあることもわかった．しかし，X線の波動性を確立したのは，ラウエ(M.

von Laue)の理論的指導にもとづいておこなわれた結晶による回折実験である(1912年).

結晶によるX線散乱 可視光の場合，波長が障害物の寸法にくらべて無限小と見てよいほど短ければ，光を光線の束として扱える(**幾何光学**).波動性がはっきり観測されるのは，波長を無限小と見ることがゆるされない場合である(**波動光学**).

たとえば，回折格子とよばれる分光器がある．金属の表面に多数の溝を平行かつ等間隔にきざみ，溝と溝の間の平らな面で反射した光波の間で干渉をおこさせるのである．光の波長が溝の間隔と同程度になると，通常の反射光のほかに回折光が観測される(図6-2).後者の方向が波長によって異なるために，分光器として利用できるのである.

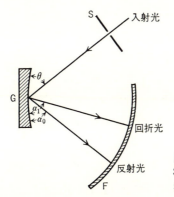

図6-2 回折分光器．
S: スリット，G: 回折格子，F: フィルム．

ところで，結晶はX線にたいして天然の回折格子の役割を果してくれるのである．結晶の規則正しい外形から見て，原子配列のある基本パターンが周期的にくり返されるレンガ建築のような構造であろうという推測が18世紀末からおこなわれ，19世紀半ばには可能な結晶構造のタイプが対称性の考察(群論)によって数学的に明らかにされていた．一方，アボガドロ数の値がわかるようになると，1モルの結晶の体積を測定することによって，結晶中の原子配列の周期を推定できるようになった．簡単な結晶の場合，同種原子が数Åの間隔で周期的にならんでいるのである．図6-3に食塩の結晶構造を示してある．

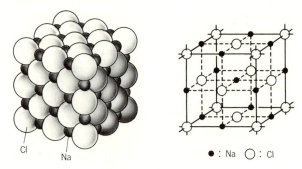

図6-3 食塩の結晶.

さて，第1章で述べたように，X線が原子に入射すると原子内の電子が強制振動をはじめ，入射X線と同一振動数の電磁波を放出する．これが**散乱波**である．散乱波は放出した原子を中心として四方にひろがる球面波であり，振幅は中心からの距離に逆比例して小さくなる．

図6-4のように，結晶CにX線を入射させ，結晶からの距離が結晶自身の大きさよりはるかに大きい点Pで散乱波を観測するものとしよう．正確にいえば，結晶内の各原子から散乱されてくる散乱波の重ねあわせを点Pで観測するのである．各原子からの散乱波の間には位相差があるために，重ねあわせたときに干渉がおこる．以下述べる特別の条件を満足する方向以外では，散乱波がほとんど完全に打ち消しあってしまうのである．

はじめ，図6-5のように，同種原子がxy平面上に周期dでならんでいる場合を考える．入射X線の方向を単位ベクトルs_0であらわすことにし，これは

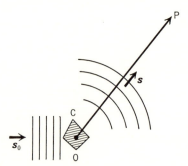

図6-4 結晶によるX線散乱.

zx 平面上にあって x 軸と角 θ をなすとする.入射 X 線の波長を λ, 振幅を a, 電場を

$$E_0(\boldsymbol{r}, t) = a \cos \frac{2\pi}{\lambda} (\boldsymbol{s}_0 \cdot \boldsymbol{r} - ct) \tag{6.1}$$

と書こう.図 6-5 の点 A にある原子と点 O にある原子では,入射波の位相に

$$\frac{2\pi}{\lambda} \boldsymbol{s}_0 \cdot \overrightarrow{\mathrm{OA}} = \frac{2\pi}{\lambda} \overline{\mathrm{O'A}} = \frac{2\pi}{\lambda} d \cos \theta \tag{6.2}$$

だけの差があることになる.

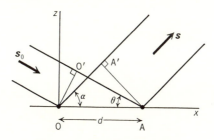

図6-5 2次元結晶による回折.

原子内電子の強制振動の振幅,したがってまた散乱波の振幅は入射波(6.1)に比例するから,2つの原子からの散乱波は位相差(6.2)をもってそれぞれ点 A および点 O を出発するのである.

これらの散乱波が観測点 P に達するまでの行程は,A から出発する散乱波の方が $\overrightarrow{\mathrm{OA'}} = d \cos \alpha = \boldsymbol{s} \cdot \overrightarrow{\mathrm{OA}}$ だけ短い.$\boldsymbol{s}$ は $\overrightarrow{\mathrm{OP}}$ 方向の単位ベクトル,α はこのベクトルと x 軸のなす角である.この行程差が散乱波の振幅にあたえる効果は,散乱波の振幅は $\overline{\mathrm{OP}}$ に逆比例するから,d と $\overline{\mathrm{OP}}$ の比の程度であり,いまの場合無視してよい.一方,行程差によって生ずる位相差は

$$-\frac{2\pi}{\lambda} \boldsymbol{s} \cdot \overrightarrow{\mathrm{OA}} = -\frac{2\pi}{\lambda} d \cos \alpha \tag{6.3}$$

であって,これは無視できない.いまは λ と d とが同程度の場合を考えるからである.

強い散乱波が観測されるためには,各原子からの散乱波が干渉によって強めあうこと,つまり,(6.2)と(6.3)の和である全位相差が 2π の整数倍に等しい

ことが必要である.式で書くと

$$d(\cos\theta - \cos\alpha) = m\lambda, \quad m = 0, 1, 2, \cdots \tag{6.4}$$

なお,図6-2の入射光の方向θと回折光の方向αの関係もこの式であたえられることに注意しておこう.ただし,dは回折格子の溝の間隔とする.また,$m=0$は通常の反射光をあたえる.

回折格子とちがって結晶はz軸方向にもひろがっている.図6-6の点Bにある原子の発する散乱波と点Oにある原子の発する散乱波の間には,行程差$O_1B + BO_2$に対応して,

$$\frac{2\pi}{\lambda}(O_1B + BO_2) = \frac{2\pi}{\lambda}d(\sin\theta + \sin\alpha) \tag{6.5}$$

だけの位相差がある.したがって,強い散乱がおこるための条件として,(6.4)のほかに

$$d(\sin\theta + \sin\alpha) = n\lambda, \quad n = 0, 1, 2, \cdots \tag{6.6}$$

が加わる.(6.4),(6.6)を同時に満足する解として,$\theta = \alpha$,

$$\boxed{2d\sin\theta = n\lambda} \tag{6.7}$$

がある.これを強い散乱のおこる方向θを決める**ブラッグ条件**とよぶ.たとえば,図6-7のようにX線管の放出する連続スペクトルをもったX線を結晶にあてると,ブラッグ条件(6.7)を満足する波長λのX線が,入射方向と2θの角をなす方向に散乱されてくる.

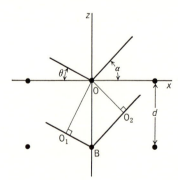

図6-6 3次元結晶による回折.

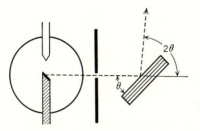

図6-7 結晶によるブラッグ反射.

　図6-6では，結晶をz軸に垂直な網平面(2次元結晶)の積み重ねと見たのであるが，網平面のえらび方は実は無数にある．同じ結晶をx軸に垂直な網平面の積み重ねと見ることもできるし，zx平面と45°の角をなす網平面の積み重ねと見ることもできる(図6-8)．連続スペクトルのX線が入射した場合には，それぞれの網平面について，ブラッグ条件を満足する波長のX線が，あたかもその網平面が鏡であるように，反射されてくるのである．

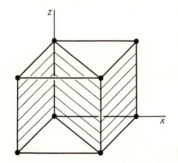

図6-8 結晶の網平面.

問　題

　1. 10^4 Vの電圧で加速された電子がテレビの画面に衝突するとき，制動放射で発生するX線の最短波長を求めよ．
　ヒント：電子の運動エネルギーが完全に光子のエネルギーに変わるとせよ．
　2. 食塩の結晶(図6-3)で$d=2.82$ Åとし，x軸に垂直な網平面についてブラッグ条件(6.7)が$\theta=15°$で満足されたという．X線の波長はいくらか？

6-3 波動の複素数表示

波動の扱いに慣れるために,前節でやや直観的に述べた散乱波の干渉をもうすこし数学的に扱ってみよう.ちょうど好い機会であるから,波動の複素数表示を使うことにする.古典論の場合の複素数表示は振動の位相を簡潔に表現するための便法にすぎないが,量子力学ではこれが本質的なものになるのである.

波動の複素数表示 入射X線の電場をあらわす(6.1)を例にとると,

$$E_0(\boldsymbol{r}, t) = \mathrm{Re}[e^{-i\omega t}\phi_0(\boldsymbol{r})] \tag{6.8}$$

と書くことができる.$\omega = (2\pi c/\lambda)$ はX線の角振動数,$\mathrm{Re}[\zeta]$ は複素数 ζ の実数部分(ζ を実数部分 ξ と虚数部分 η とにわけて $\zeta = \xi + i\eta$ と書くと $\mathrm{Re}[\xi + i\eta] = \xi$),$\phi_0(\boldsymbol{r})$ は入射波の空間座標に関係する部分であって,

$$\phi_0(\boldsymbol{r}) = a e^{\frac{2\pi i}{\lambda}\boldsymbol{s}_0 \cdot \boldsymbol{r}} \tag{6.9}$$

例題1 (6.8)が(6.1)に等しいことを確かめよ.

[解]

$$e^{-i\omega t}\phi_0(\boldsymbol{r}) = a e^{\frac{2\pi i}{\lambda}(\boldsymbol{s}_0 \cdot \boldsymbol{r} - ct)}$$
$$= a\left\{\cos\frac{2\pi}{\lambda}(\boldsymbol{s}_0 \cdot \boldsymbol{r} - ct) + i\sin\frac{2\pi}{\lambda}(\boldsymbol{s}_0 \cdot \boldsymbol{r} - ct)\right\}$$

の実数部分は(6.1)に等しい. ∎

同様に散乱波の電場も次の形に書くことができる.

$$E_s(\boldsymbol{r}, t) = \mathrm{Re}[e^{-i\omega t}\varPhi_s(\boldsymbol{r})] \tag{6.10}$$

入射X線にくらべると,一度原子によって散乱されたX線の振幅は小さいので,これがさらに原子によって散乱される多重散乱(multiple scattering)を無視する.すると,結晶は $\boldsymbol{r}_1, \boldsymbol{r}_2, \cdots, \boldsymbol{r}_N$ という位置に N 個の原子をふくむとして,$\varPhi_s$ はこれらの原子からの散乱波の重ねあわせとして次の形に書ける.

$$\varPhi_s(\boldsymbol{r}) = \sum_{j=1}^{N}\phi_s(\boldsymbol{r};\boldsymbol{r}_j) \tag{6.11}$$

$\phi_s(\boldsymbol{r};\boldsymbol{r}_j)$ は j 番目の原子からの寄与であって,散乱を計算しようとする点の位置 $\boldsymbol{r}$ だけでなく,j 番目の原子の位置 $\boldsymbol{r}_j$ にも依存する.$\mathrm{Re}[\zeta_1+\cdots+\zeta_N]=\mathrm{Re}[\zeta_1]+\cdots+\mathrm{Re}[\zeta_N]$ という性質があるから,(6.11)を代入すると,(6.10)は事実

$$E_s(\boldsymbol{r},t) = \sum_{j=1}^{N} \mathrm{Re}[e^{-i\omega t}\phi_s(\boldsymbol{r};\boldsymbol{r}_j)] \tag{6.12}$$

となり,各原子からの散乱波の重ねあわせである.

散乱波の形 第1番目の原子の位置を座標原点にえらび($\boldsymbol{r}_1=0$),この原子からの散乱波にまず注目しよう.これは原点を中心として四方にひろがる球面波である.その振幅は原点における入射波の振幅に比例し,また,原点からの距離 r が波長 λ より十分大きいとき,r に逆比例することが電磁気学で知られている.式で書くと

$$\phi_s(\boldsymbol{r};0) = \frac{e^{\frac{2\pi i}{\lambda}r}}{r}f\phi_0(0) = \frac{e^{\frac{2\pi i}{\lambda}r}}{r}fa \tag{6.13}$$

f は比例定数である.本当は $\boldsymbol{r}$ の方向による(散乱波に指向性がある)し,ω にも依存するのであるが,以下の議論には重要でない.また,f は一般に複素数であり,絶対値 $|f|$ と位相 α を使って $f=|f|e^{i\alpha}$ と書くと

$$\mathrm{Re}[e^{-i\omega t}\phi_s(\boldsymbol{r},0)] = \frac{|f|a}{r}\cos\left[\frac{2\pi}{\lambda}(r-ct)+\alpha\right] \tag{6.14}$$

これが球面波の実数表示であり,確かに波面 $r-ct=$ 定数 は原点を中心として光速度 c でひろがる球面である.球面波の振幅が r に逆比例していることは,エネルギー保存則と関連づけて理解できる.Δr を小さな正の数として2枚の波面 $r-ct=0$,$r-ct=\Delta r$ を考える.その間にはさまれた領域にふくまれる電磁エネルギーは電場(6.14)の2乗に領域の体積 $4\pi r^2 \Delta r$ を掛けた積に比例し,この積は半径 r に無関係であり,時間が経って波面がひろがっても不変である.

次に,j 番目の原子からの散乱波を考えよう.球面波の中心を原点から $\boldsymbol{r}_j$ に移すので,(6.13)の r は $\boldsymbol{r}_j$ からの距離 $|\boldsymbol{r}-\boldsymbol{r}_j|$ でおきかえられ,また $\phi_0(0)$ が $\boldsymbol{r}_j$ における入射波 $\phi_0(\boldsymbol{r}_j)$ におきかえられる.

$$\phi_s(\boldsymbol{r};\boldsymbol{r}_j) = \frac{e^{\frac{2\pi i}{\lambda}|\boldsymbol{r}-\boldsymbol{r}_j|}}{|\boldsymbol{r}-\boldsymbol{r}_j|}f\phi_0(\boldsymbol{r}_j) \tag{6.15}$$

前節でも述べたとおり,いま散乱波を計算しようとしている点Pは,原点からの距離 r が物体の寸法よりはるかに大きいのであるから, $r \gg r_j$ である.したがって, $\boldsymbol{r}$ と $\boldsymbol{r}_j$ とのなす角を χ_j とすると(図6-9),

$$|\boldsymbol{r}-\boldsymbol{r}_j| = [r^2 - 2rr_j \cos\chi_j + r_j^2]^{1/2}$$
$$= r - r_j \cos\chi_j + \cdots \tag{6.16}$$

(6.15)の $|\boldsymbol{r}-\boldsymbol{r}_j|^{-1}$ は $1/r$ で近似してよい(もともと(6.14)が $1/r$ の高次の項を無視した近似である).しかし,(6.15)の指数関数の肩では,(6.16)の右辺第2項までひろって

$$\frac{2\pi}{\lambda}|\boldsymbol{r}-\boldsymbol{r}_j| \cong \frac{2\pi}{\lambda}(r - r_j \cos\chi_j)$$
$$= \frac{2\pi}{\lambda}r - \frac{2\pi}{\lambda}\boldsymbol{s}\cdot\boldsymbol{r}_j \tag{6.17}$$

と近似する必要がある. r_j は λ にくらべて小さくはないのであって,指数関数 $\exp[(2\pi/\lambda)\boldsymbol{s}\cdot\boldsymbol{r}_j]$ は r_j あるいは $\boldsymbol{s}$ によって敏感に左右される.ただし, $\boldsymbol{s}$ は前節と同様 $\overrightarrow{\mathrm{OP}}$ 方向の単位ベクトル $\boldsymbol{r}/r$ である.

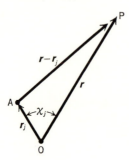

図6-9 $\overline{\mathrm{AP}} = [r^2 + r_j^2 - 2rr_j \cos\chi_j]^{1/2}$.

以上のような近似により

$$\phi_\mathrm{s}(\boldsymbol{r};\boldsymbol{r}_j) \cong \frac{e^{\frac{2\pi i}{\lambda}r}}{r} fa e^{\frac{2\pi i}{\lambda}(\boldsymbol{s}_0-\boldsymbol{s})\cdot\boldsymbol{r}_j} \tag{6.18}$$

(6.11)に代入し,(6.13)に注意すると,

$$\Phi_\mathrm{s}(\boldsymbol{r}) = F(\boldsymbol{s}_0-\boldsymbol{s})\phi_\mathrm{s}(\boldsymbol{r};0) \tag{6.19}$$

$$F(\boldsymbol{q}) = \sum_{j=1}^{N} e^{i\boldsymbol{q}\cdot\boldsymbol{r}_j} \tag{6.20}$$

6-3 波動の複素数表示

$\phi_s(\boldsymbol{r};0)$ はただ 1 個の散乱中心があるときの散乱波をあらわし,多数の散乱中心があるための干渉効果は因子 $F(\boldsymbol{s}_0-\boldsymbol{s})$ であらわされるのである.

例題 2 x 軸の点 $\boldsymbol{r}_1=(0,0,0)$, $\boldsymbol{r}_2=(d,0,0)$, $\cdots$, $\boldsymbol{r}_N=((N-1)d,0,0)$ に原子があり,$\boldsymbol{s}_0=(\cos\theta,0,-\sin\theta)$, $\boldsymbol{s}=(\cos\alpha,0,\sin\alpha)$ である場合の $F(\boldsymbol{s}_0-\boldsymbol{s})$ を計算せよ (図 6-5 参照).

[解]

$$\varDelta = \frac{2\pi}{\lambda}d(\cos\theta - \cos\alpha)$$

とおくと

$$\frac{2\pi}{\lambda}(\boldsymbol{s}_0-\boldsymbol{s})\cdot\boldsymbol{r}_j = (j-1)\varDelta, \quad j=0,1,\cdots,N-1$$

したがって

$$F(\boldsymbol{s}_0-\boldsymbol{s}) = 1 + e^{i\varDelta} + e^{2i\varDelta} + \cdots + e^{i(N-1)\varDelta}$$

$\varDelta$ が 2π の整数倍,つまり (6.4) が成立するときには,$e^{i\varDelta}=1$ で F は N に等しい.それ以外のときは

$$F(\boldsymbol{s}_0-\boldsymbol{s}) = \frac{e^{iN\varDelta}-1}{e^{i\varDelta}-1} = e^{\frac{i}{2}(N-1)\varDelta}\frac{e^{\frac{iN}{2}\varDelta}-e^{-\frac{iN}{2}\varDelta}}{e^{\frac{i}{2}\varDelta}-e^{-\frac{i}{2}\varDelta}}$$

$$= e^{\frac{i}{2}(N-1)\varDelta}\frac{\sin\frac{N\varDelta}{2}}{\sin\frac{\varDelta}{2}}$$

これの絶対値は 1 の程度にすぎない.つまり,マクロな結晶で $N\gg1$ の場合には,条件 (6.4) が満足されないかぎり,散乱波はたがいに干渉して打ち消しあうと考えてよい.∎

問 題

1. (6.10) の 2 乗を X 線の 1 周期 $T=(2\pi/\omega)$ にわたって時間平均して次の表式を導け.

$$\frac{1}{T}\int_0^T E_s{}^2(\boldsymbol{r},t)dt = |F(\boldsymbol{s}_0-\boldsymbol{s})|^2|\phi_s(\boldsymbol{r};0)|^2$$

また，上の例題2で述べた1次元結晶の場合，$|F|^2$ は N^2 に比例する．もし原子の位置がランダムであったら，$|F|^2$ は N に比例することを示せ．

6-4　コンプトン散乱とX線の粒子性

前2節で述べたように，結晶による回折は，X線の波動性，つまり重ねあわせの原理が成立し位相差による干渉を示すことの証拠である．ところが，同じX線が別の場合には粒子性を示すのであって，その代表例がコンプトン(A. H. Compton)の実験である(1923年)．

図6-10のように，固体Sによって散乱されたX線を分光器Cにかけ，散乱波の強度を波長の関数として測定する．分光器といっても，図6-4の結晶Cであり，ブラッグ条件を利用してX線の波長を測定するのである．

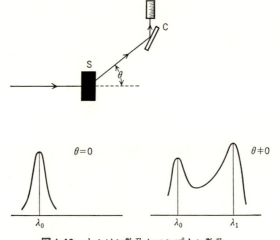

図6-10　トムソン散乱とコンプトン散乱．

散乱角 $\theta=0$ のときには，入射X線の波長 λ_0 のところに1つピークが観測される．これは入射X線のスペクトルと見てよい．$\theta \neq 0$ のときには散乱強度に2つのピークが現われる．1つは入射波と同じ波長 λ_0 のところにあり，もう1つのピークは λ_0 より長波長の λ_1 のところにある．波長の差 $\Delta\lambda = \lambda_1 - \lambda_0$ は $\theta \to 0$

6-4 コンプトン散乱とX線の粒子性

で0であり，θ が増すとき $1-\cos\theta$ に比例して増大する．

波長変化を伴わない散乱を**トムソン散乱**とよび，波長変化を伴う方を**コンプトン散乱**とよぶ．前2節で扱ったのはトムソン散乱であり，X線を古典的電磁波，電子を古典的な荷電粒子として一応説明することができたわけである．一方，コンプトン散乱の方は，X線を光子と見なすことによってはじめて説明することができる．光子が固体原子に束縛されている電子をはじきとばすことによってエネルギーを失い，その振動数が低くなり，したがって波長が長くなるのである．

アインシュタインの式　コンプトン散乱の説明の基本になるのは，光子のエネルギーおよび運動量を電磁波としての光の角振動数および波動ベクトルにむすびつけるアインシュタインの式である．波動ベクトル $\boldsymbol{k}$，角振動数 $\omega = ck$ の電磁波を光子の集団と見るとき，光子のエネルギー E，運動量 $\boldsymbol{p}$ はそれぞれ次の表式であたえられる．

$$E = \hbar\omega, \quad \boldsymbol{p} = \hbar\boldsymbol{k} \tag{6.21}$$

ただし，$\hbar$ はプランク定数を 2π で割ったものであり，ディラック(P. A. M. Dirac)の導入した記法である．

$$\hbar = \frac{h}{2\pi} \tag{6.22}$$

$\omega = 2\pi\nu$ を代入して振動数 ν で書けば，(6.21)の第1式はプランクの仮定したエネルギー量子 $h\nu$ にほかならない(第4章)．一方，古典電磁気学によれば，エネルギー E の電磁波はその進行方向に E/c の大きさの運動量をはこぶことが知られているので，$\boldsymbol{p} = (E/c)(\boldsymbol{k}/k)$ であり，これに第1式の $E = \hbar ck$ を代入して，(6.21)の第2式がえられる．

さて，波長 λ が数 Å のX線の場合，$\omega = (2\pi c/\lambda) \cong 10^{18}\,\mathrm{s}^{-1}$ であり，光子のエネルギーは $\hbar\omega \cong 10^{-16}\,\mathrm{J} \cong 10^3\,\mathrm{eV}$ となる．これは原子中の電子の束縛エネルギーの 10^2 倍もあるから，コンプトン散乱を考える場合には，電子が原子内に束縛されていることを無視して自由粒子と見なすことができる．

はじめ静止していた電子に運動量 $\hbar \boldsymbol{k}_0$ の光子が衝突し，運動量 $\hbar \boldsymbol{k}_1$ でとび去り，その反跳で電子は運動量 $\boldsymbol{p}$ をもつとしよう．この衝突過程は図 6-11 のように図示するとわかりやすい．時間が左から右にむかって経過すると考え，絵巻物のように眺めるのである．

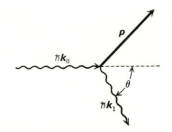

図 6-11 コンプトン散乱．
波線：光子の運動量，
実線：電子の運動量．

衝突前に光子のもっていた運動量が衝突後の光子の運動量と電子の運動量の和に等しいという運動量保存則を書くと

$$\hbar \boldsymbol{k}_0 = \hbar \boldsymbol{k}_1 + \boldsymbol{p} \tag{6.23}$$

同様にエネルギー保存則を書くと

$$\hbar c k_0 + m_e c^2 = \hbar c k_1 + [m_e^2 c^4 + c^2 p^2]^{1/2} \tag{6.24}$$

ただし，電子の静止エネルギー $m_e c^2$ をふくむ相対論的なエネルギーの表式を使っていることに注意してほしい．

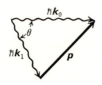

図 6-12 運動量保存則．

運動量保存則 (6.23) をあらわす図 6-12 から，電子の運動量の大きさを次のように書くことができる．

$$p = \hbar [k_0^2 + k_1^2 - 2k_0 k_1 \cos \theta]^{1/2} \tag{6.25}$$

例題 1　(6.24) と (6.25) から p を消去せよ．

［解］　(6.24) の右辺の $\hbar c k_1$ を左辺に移項し，両辺を 2 乗すると

$$[\hbar c(k_0 - k_1) + m_e c^2]^2 = m_e^2 c^4 + c^2 p^2$$

右辺に (6.25) を代入すると

6-4 コンプトン散乱とX線の粒子性

$$\hbar^2 c^2(k_0{}^2+k_1{}^2-2k_0k_1)+2\hbar c^3 m_e(k_0-k_1)+m_e{}^2 c^4$$
$$= m_e{}^2 c^4+\hbar^2 c^2(k_0{}^2+k_1{}^2-2k_0k_1\cos\theta)$$

したがって

$$m_e c(k_0-k_1) = \hbar k_0 k_1(1-\cos\theta) \tag{6.26}$$

がえられる.

波動ベクトルの大きさ k を $k=(2\pi/\lambda)$ によって波長 λ でおきかえると, (6.26) はコンプトン散乱によるX線の波長の変化を次のようにあたえる.

$$\Delta\lambda = \lambda_1-\lambda_0 = \frac{2\pi\hbar}{m_e c}(1-\cos\theta) \tag{6.27}$$

これは観測された $\Delta\lambda$ の散乱角依存性のみならず, 大きさもうまく説明するのである. ここに現われた

$$\boxed{\lambda_e = \frac{2\pi\hbar}{m_e c}} \tag{6.28}$$

を電子の**コンプトン波長**とよぶ. コンプトン散乱の説明にアインシュタインの光子理論が必要なことは, $\Delta\lambda$ がプランク定数に比例しているのを見れば明らかであろう. かりに $\hbar\to 0$ とすれば, 波長の変化はおこらないのである.

実はトムソン散乱を光子理論で説明することもできる. この場合, 光子は運動量の大きさを変えずに方向だけを変えるので, X線の波長は変わらないのである. また, 光子の運動量変化を吸収して反跳を受けるのは, 電子ではなくて原子全体である. こう考えると, (6.27) の電子の質量 m_e を原子の質量 M でおきかえた式であたえられるわずかな波長の変化が実はおこっているはずである. しかし, M は m_e の 10^3 倍以上も重いので, この波長変化は無視できるというわけである.

問 題

1. 波長 0.71 Å のX線がグラファイト(炭素原子の結晶)に入射するとき, 散乱角 90° のコンプトン散乱による波長変化はいくらか? 電子の代りに炭素原子が反跳を受けもつとしたら, 波長変化はいくらか?

6-5 ド・ブローイの物質波

光の場合 $\omega = ck$ であって，アインシュタインの式(6.21)によって光子のエネルギーと運動量の大きさの関係に翻訳すると

$$E = cp \tag{6.29}$$

となる．静止質量 m の自由粒子のエネルギーにたいする相対論的な表式

$$E = c[m^2c^2 + p^2]^{1/2} \tag{6.30}$$

と比較すると，光子は静止質量0の粒子であると考えることができる(このような粒子は光速度で走る．1-7節問題1参照)．

ド・ブローイは，この静止質量が0であるという相違点を除けば，光子も電子や陽子におとらず立派な粒子なのだと考えた．その光子が，一方では波動性を示すのであるから，電子や陽子のような物質粒子も波動性を示すにちがいないとド・ブローイは推測した．波動性の方に重点をおいて，光は電磁波であるというのであれば，同様に電子も電子波という波動であり，陽子も陽子波という波動なのである．その角振動数 ω および波動ベクトル $\boldsymbol{k}$ は，粒子としてのエネルギー E および運動量 $\boldsymbol{p}$ と，やはり(6.21)で関係づけられると考える．したがって，光の場合の $\omega = ck$ に代って，(6.30)に対応する式

$$\omega = c[k_m^2 + k^2]^{1/2} \tag{6.31}$$

が成立する．ただし

$$k_m = \frac{mc}{\hbar} \tag{6.32}$$

であって，$2\pi/k_m$ が静止質量 m の粒子のコンプトン波長である．$k_m \neq 0$ の場合の波動を物質波(またはド・ブローイ波)とよぶのである．

このようにして，アインシュタインの場合には光に限られていた粒子・波動の2重性を，ド・ブローイは一挙に物質全体におしひろげてしまったのである．この2重性こそ量子論にとっていちばん基本的な事実なのであるから，ド・ブ

ローイによるその発見は，プランクによる定数hの発見とならんで，量子論の発展史上もっとも独創的な業績だったといえよう．なお，粒子・波動の2重性を象徴する(6.21)も，アインシュタイン-ド・ブローイの式とよばれる．

物質波の回折　ド・ブローイの着想が正しいとすれば，たとえば電子線を結晶にあててX線の場合と同様の回折現象を観測できるはずである．図6-13のように，フィラメントFから蒸発した電子を陽極Aとの間に加えた電圧Vによって加速し，結晶Cにあてる．Cで散乱された電子を集電極Dで捕え，その強度を散乱角の関数として測定すると，ブラッグ条件を満足する角度で散乱強度の極大が現われる．

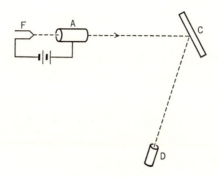

図6-13　電子線回折．

この種の実験は，ド・ブローイの理論的研究と前後してデビソン(C. J. Davisson)によってはじめられていたが，最終的に電子の波動性を確立したのは，ニッケルの単結晶(原子配列が結晶全体にわたって周期的であるもの)を使ってジャーマー(L. H. Germer)とともにおこなった実験(1927年)である．

かれらの使った加速電圧は$V=75\,\mathrm{V}$であり，電子速度は光速度よりずっと小さいので，電子の運動エネルギーにたいし非相対論的な表式($p^2/2m_e$)を使うことができる．これを加速電圧のした仕事eVに等しいとおいて運動量の大きさpを求め，(6.21)に代入すると，電子波の波動ベクトルの大きさが

$$k = \frac{p}{\hbar} = \frac{1}{\hbar}[2m_e eV]^{1/2} \tag{6.33}$$

ド・ブローイと湯川秀樹

　ド・ブローイの物質波は，量子論の発展史上，プランクの量子概念とならぶ独創的な発想といわれる．光については昔から粒子説と波動説の対立があったけれども，物質波動説はド・ブローイの独創である．当時(1923年)は光量子理論によるコンプトン効果の説明が発表されたばかりで，光のもつ粒子・波動の2重性がようやく深刻な課題として意識されはじめた時期である．ド・ブローイは，電子や陽子と光子の違いは静止質量の差だけだと考えることによって，この2重性を一挙に物質全体におしひろげてしまった．この発想はのちに波動場の量子論としてハイゼンベルクとパウリ(W. Pauli)により定式化され，さらに湯川秀樹による素粒子論の創始につながることになる．

　原子核内で陽子や中性子の間に働く非常に強い短距離型の相互作用(核力)は，電磁場とはちがう(重力場ともちがう)新しい波動場によって伝達されると湯川は考えた．この波動場も粒子性を示すはずであるが，そのコンプトン波長が核力の到達距離になることを指摘し，後者が 10^{-15} m 程度であるためには，粒子は電子の約200倍の静止質量をもつべきであると予言した(1934年)．これが現在 π 中間子(pion)として知られている粒子である．

　ド・ブローイは当時の量子論研究の主流――ボーアを中心とするいわゆるコペンハーゲン学派から孤立していたし，湯川についても事情は同様である．それがかえって破天荒な発想を可能にしたのかもしれない．

となる．波長 $\lambda=(2\pi/k)$ は

$$\lambda = \frac{h}{[2m_e eV]^{1/2}} \qquad (6.34)$$

であたえられる．これを**ド・ブローイ波長**とよぶ．$V=75\,\mathrm{V}$ を代入すると $\lambda=1.4\,\mathrm{Å}$ となる．ニッケルの結晶中でとなりあった原子の間隔は $2.5\,\mathrm{Å}$ であって，数十度の散乱角でブラッグ条件が満足される．

物質の波動性はその後水素原子やヘリウム原子についても実証され，現在では電子線や中性子線の散乱が，X線散乱と同様に，逆に物質構造の研究に利用されている．

問題

1. 原子炉からとり出した中性子の運動エネルギーはほぼ熱エネルギー $k_B T$ の程度であるという．$T=300\,\mathrm{K}$ として，この熱中性子のド・ブローイ波長はどのくらいになるか？

6-6 幾何光学とニュートン力学

回折を論ずるには光を波動として扱う波動光学が必要であるが，レンズやスクリーンの寸法にくらべて光の波長が無限小と見なせるほど短いなら，光を光線の束として扱うことができる．これが幾何光学である．光の粒子説に基礎をおく18世紀の光学は当然この幾何光学であるが，当時から，光学と力学の間にある種のアナロジーの成立することが知られていた．光学における光線には力学における粒子の軌道が対応し，屈折率一定の媒質中の光線が直線であるのに対応してポテンシャル一定(外力0)の粒子の軌道も直線である．

ド・ブローイはこのアナロジーに注目した．つまり，電子は電子波なのであるが，その波長が無限小と見てよいほど短いときには，ニュートン力学の粒子のようにふるまうのではないだろうか？ 実際，第2章で扱ったブラウン管の場合，加速電圧が $10^4\,\mathrm{V}$ として電子のド・ブローイ波長は $1\,\mathrm{Å}$ 程度であり，ブ

ラウン管中の電極の寸法や電子線の軌道半径はこれよりはるかに大きい．一方，ド・ブロイ波長が軌道半径と同程度の大きさになると，電子波の干渉，回折を無視できなくなり，そもそも軌道という概念も意味を失うだろう．光の場合に幾何光学に代る波動光学が必要となったように，電子の場合にもニュートン力学に代るべき新しい'波動'力学が必要であるとド・ブロイは考えた．この発想を受けてシュレーディンガーが波動力学の基本方程式を発見するのであるが，まずは幾何光学の基本法則であるフェルマーの原理からはじめて，順次話を進めよう．

フェルマーの原理 一定角振動数ωの光波を考える．媒質の屈折率κは，光の波長程度の距離では定数と見られるが，もっと大きな距離にわたる空間的変化はあってよいとする．たとえば蜃気楼(高速道路の逃げ水)は空気の屈折率の空間的変化によって光線が曲がるのである．

屈折率κの媒質中の光速度は真空中の光速度cをκで割ったものに等しく，角速度ωをc/κで割れば光波の波動ベクトルの大きさkがえられる．いま，媒質中の2点A,Bをむすぶ曲線Cを考え(図6-14)，A点から測った曲線の長さをsとする．曲線上の点はsをあたえれば決まるから，その座標もsの関数$x(s), y(s), z(s)$と見ることができる．曲線上では，屈折率もsの関数$\kappa(x(s), y(s), z(s))$と考えることができる．これを$\kappa(s)$と略記しよう．曲線C上で距離ds進むとき，光波の位相は$kds=(\omega/c)\kappa(s)ds$だけ変化する．したがって曲線Cの両端での位相差は

$$\Theta = \frac{\omega}{c}\int_A^B \kappa(s)ds \tag{6.35}$$

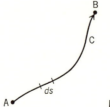

図6-14

6-6 幾何光学とニュートン力学

この位相差は，両端A, Bを固定しても，曲線Cを変形すれば値が変わる．たとえば，屈折率 κ が定数なら

$$\Theta = \frac{\omega}{c}\kappa L_{AB} \tag{6.36}$$

であり，L_{AB} はAからBまでの曲線Cの長さである．この場合，実際に光のたどる経路はAとBを結ぶ直線，つまり長さ L_{AB} が最小となる曲線である．フェルマーの原理は，よく知られたこの光の直進性を屈折率 κ が空間変化している場合へ一般化したものであって，光は位相差(6.35)が極小値をとるような経路をたどるというのである．

通常の関数 $y=f(x)$ が $x=x_0$ で極小になるとすると，1次微分 $dy=f'(x)dx$ は $x=x_0$ で0になる．これに対応して，フェルマーの原理も次のような形に定式化できる．両端を固定したまま曲線Cを無限小だけ変形したときにおこる位相差(6.35)の1次の変化を $\delta\Theta$ と書き，Θ の(1次)変分とよぶ．曲線Cとして光の経路 C_0 をえらぶと

$$\delta\Theta = \frac{\omega}{c}\delta\int_A^B \kappa(s)ds = 0 \tag{6.37}$$

となるというのがフェルマーの原理の数学的表現である．物理学の基本原理はしばしばある積分量の変分が0に等しいという形にあらわされるが，これを**変分原理**とよぶ．フェルマーの原理はその実例である．

光の経路 C_0 を無限小だけ変形してえられる曲線は無数にあるが，そのいずれに沿って位相差(6.35)を計算しても C_0 に沿って計算した値と等しくなることを(6.37)はあらわしている．したがって，A点からこれらの曲線に沿って伝播した光波は，B点で同じ位相をもち，干渉によってたがいに強めあう．これが波動論の立場から見たフェルマーの原理の物理的な意味である．

幾何光学とニュートン力学 今度は質量 m の粒子がポテンシャル $U(x,y,z)$ の外力の下でえがく軌道を考える．速度は光速度よりずっと小さいとして相対論的効果を無視し，静止エネルギーを引き去った粒子のエネルギーを E と書くと，運動量の大きさは

$$p = [2m(E-U)]^{1/2} \tag{6.38}$$

である．これを物質波の波動ベクトルの大きさと p をむすびつける式に代入して

$$k = \frac{p}{\hbar} = \frac{1}{\hbar}[2m(E-U)]^{1/2} \tag{6.39}$$

もともと，ド・ブローイの式(6.21)は，自由粒子(U が定数の場合)を想定したものであるが，物質波の波長ぐらいの距離で U を定数と見てよいほどポテンシャルの変化がゆるやかだと考えて，(6.39)を仮定したのである．

光の場合の位相差(6.35)に対応する物質波の位相差は

$$\Theta = \frac{1}{\hbar}\int_A^B [2m(E-U(s))]^{1/2} ds \tag{6.40}$$

$U(s)$ は A と B をむすぶ曲線 C 上での U の値という意味である．フェルマーの原理に対応して，実際に粒子のたどる軌道は次の変分原理で決まると考える．

$$\delta\Theta = \frac{1}{\hbar}\delta\int_A^B [2m(E-U(s))]^{1/2} ds = 0 \tag{6.41}$$

(6.40), (6.41)は量子論を特徴づける定数 $\hbar$ に逆比例しているが，積分は $\hbar$ をふくまないので，変分原理(6.41)で決まる軌道 $x=x(s), y=y(s), z=z(s)$ も $\hbar$ に無関係である．この軌道はニュートンの運動式で決めた軌道と一致するのであるが，証明は省略する．実際，$\delta(\hbar\Theta)=0$ という形の変分原理(モーペルチュイの原理)がニュートンの運動方程式と等価であることは，18世紀半ばから知られていた．

例題 1 水素原子中の電子が陽子を中心とする円軌道をえがいているとし，軌道半径を(6.41)によって決定せよ．

［解］ U は電子が陽子から受けるクーロン引力のポテンシャル(5.15)である．半径 r の円軌道に沿って1周したときの物質波の位相の変化は

$$\Theta = \frac{2\pi r}{\hbar}\left[2m_e\left(E + \frac{e^2}{4\pi\varepsilon_0 r}\right)\right]^{1/2} \tag{6.42}$$

半径を δr だけ変えたときの Θ の変分は

$$\delta\Theta = \frac{2\pi}{\hbar}[2m_e]^{1/2}\left(E+\frac{e^2}{4\pi\varepsilon_0 r}\right)^{-1/2}\left(E+\frac{e^2}{8\pi\varepsilon_0 r}\right)\delta r$$

これを0とおくと

$$E = -\frac{e^2}{8\pi\varepsilon_0 r} \tag{6.43}$$

したがって運動エネルギーは

$$\frac{1}{2}m_e v^2 = E + \frac{e^2}{4\pi\varepsilon_0 r} = \frac{e^2}{8\pi\varepsilon_0 r} \tag{6.44}$$

両辺に $2/r$ を掛ければ，遠心力とクーロン引力の釣合いをあらわす(5.14)が得られる．

問題

1. それぞれ一定の屈折率 κ_1, κ_2 をもつ2つの媒質が平面を境界として接しているとき，媒質1の定点Aから媒質2の定点Bにいたる光の経路をフェルマーの原理によって決定し，屈折の法則 $\kappa_1 \sin\theta_1 = \kappa_2 \sin\theta_2$ を導け．

ヒント：境界面と光線との交点Pをまず固定してAとBの間の位相差を極小にし，次にこの極小値をPの位置を動かして極小にする．

6-7 シュレーディンガー方程式の発見

水素原子中の電子について，(6.43)を(6.42)に代入すると，円軌道を1周したときの物質波の位相変化は

$$\Theta = \left[\frac{\pi m_e e^2}{\hbar^2 \varepsilon_0}r\right]^{1/2} \tag{6.45}$$

となる．一般に波動の位相というのはサインやコサインの変数として物理量にふくまれるものであるから，2π の整数倍だけ位相を変えても物理量は不変である．したがって軌道を1周して出発点にもどったとき，物質波の位相がもとの値にもどる必要はない．n を整数として

$$\Theta = 2\pi n \tag{6.46}$$

であればよい．実はこれがボーア–ゾンマーフェルトの量子化条件であり，逆

にいえば，ボーア理論は量子化条件の形で電子の波動性を考えに入れていたことになる．

例題1 (6.45)を(6.46)に代入してrを求めよ．

[解]
$$r = \frac{4\pi\varepsilon_0 \hbar^2}{m_e e^2} n^2 \tag{6.47}$$

これはボーア理論の軌道半径と一致する．∎

ところで，物質波の波長をλとすれば，Θは$4\pi^2 r/\lambda$と書くこともできるので，これを(6.46)に代入すると

$$\frac{r}{\lambda} = \frac{n}{2\pi} \tag{6.48}$$

電子の軌道という概念は幾何光学の光線に対応するものであって，もし電子が波動だとすると，$r \gg \lambda$，つまり$n \gg 1$の極限でしか意味をもたない．rがλと同程度の場合にまで軌道概念を使うボーア理論は不都合ということになる．このような場合には波動光学に対応する波動力学が必要であるとシュレーディンガーは考え，その基本方程式を求めた．その結果発見されたシュレーディンガー方程式は，実は量子力学のもっとも基本的な方程式であり，論理的にいえば‘証明’したり‘導く’ことのできないものである．以下述べる説明も，方程式の形がもっともらしいと読者に感じてもらうための方便にすぎない．

時間をふくまないシュレーディンガー方程式 まず光波を考えることにして，電場の成分の1つを6-3節の複素数表示を使って

$$E(x, y, z, t) = \text{Re}[\phi(x, y, z, t)] \tag{6.49}$$

と書く．複素数ϕが波動方程式

$$\frac{1}{c^2} \frac{\partial^2 \phi}{\partial t^2} = \nabla^2 \phi, \quad \nabla^2 = \frac{\partial^2}{\partial x^2} + \frac{\partial^2}{\partial y^2} + \frac{\partial^2}{\partial z^2} \tag{6.50}$$

を満足するなら，ϕの実数部分Eも同じ波動方程式を満足する．

例題2 (6.50)のϕの実数部分Eが同じ波動方程式を満足することを示せ．

[解] ϕの虚数部分をIとして$\phi = E + iI$と書くと

6-7 シュレーディンガー方程式の発見

$$\left(\frac{1}{c^2}\frac{\partial^2 \Phi}{\partial t^2}-\nabla^2\Phi\right) = \left\{\frac{1}{c^2}\frac{\partial^2 E}{\partial t^2}-\nabla^2 E\right\} + i\left\{\frac{1}{c^2}\frac{\partial^2 I}{\partial t^2}-\nabla^2 I\right\}$$

つまり

$$\frac{1}{c^2}\frac{\partial^2 E}{\partial t^2}-\nabla^2 E = \mathrm{Re}\left[\frac{1}{c^2}\frac{\partial^2 \Phi}{\partial t^2}-\nabla^2\Phi\right] = 0$$

となる.

単一の角振動数 ω で振動する解に注目して

$$\Phi = \phi(x,y,z)e^{-i\omega t} \tag{6.51}$$

とおく.(6.50)に代入し,$k=\omega/c$ と書くと

$$\nabla^2\phi + k^2\phi = 0 \tag{6.52}$$

これは真空中の光波の場合である.屈折率 κ の媒質中では真空中の光速度 c が c/κ でおきかえられるから,$k=\kappa\omega/c$ となる.前節で述べたように,この表式は κ がゆるやかに空間変化していても使うことができる.

さて,光波の(6.52)に対応する物質波の方程式は,k としてド・ブローイの表式(6.39)を代入した形をもつと仮定しよう.光波の $\phi(x,y,z)$ に対応する物質波の**波動関数**を $\psi(x,y,z)$ と書くことにすると,ψ は次の方程式を満足すると仮定するのである.

$$\nabla^2\psi + \frac{2m}{\hbar^2}[E-U]\psi = 0 \tag{6.53}$$

これがエネルギー E の定常状態を記述する量子力学の基本方程式であって,**時間をふくまないシュレーディンガー方程式**とよばれる.この方程式によって系のエネルギー準位を決定する実例は次章でいくつか示すが,とりあえず水素原子の基底状態をあらわす ψ を求めておこう.

水素原子中の電子にたいして(6.53)は

$$\nabla^2\psi + \frac{2m_\mathrm{e}}{\hbar^2}\left(E+\frac{e^2}{4\pi\varepsilon_0 r}\right)\psi = 0 \tag{6.54}$$

の形である.電子が座標原点近くに束縛されている状態をあらわす ψ は,距離 $r=[x^2+y^2+z^2]^{1/2}$ が大きくなったときに急激に 0 になるにちがいない.この境界条件を満足する簡単な関数として

$$\phi = e^{-r/a}, \quad a > 0 \tag{6.55}$$

がある.定数 a を適当にえらぶと,これが (6.54) の解になることを示そう.

まず,ϕ が r だけの関数の場合

$$\frac{\partial \phi}{\partial x} = \frac{d\phi}{dr} \cdot \frac{\partial r}{\partial x} = \frac{d\phi}{dr} \cdot \frac{x}{r}$$

$$\frac{\partial^2 \phi}{\partial x^2} = \frac{d^2\phi}{dr^2} \cdot \frac{x^2}{r^2} + \frac{d\phi}{dr}\left(\frac{1}{r} - \frac{x^2}{r^3}\right)$$

である.y, z による微分についても同様の式を作って加えあわせると,

$$\nabla^2 \phi = \frac{d^2\phi}{dr^2} + \frac{2}{r}\frac{d\phi}{dr}$$

これを (6.54) に代入すると

$$\frac{d^2\phi}{dr^2} + \frac{2}{r}\frac{d\phi}{dr} + \frac{2m_e}{\hbar^2}\left(E + \frac{e^2}{4\pi\varepsilon_0 r}\right)\phi = 0 \tag{6.56}$$

とくに (6.55) の場合,r で微分することは $-1/a$ を掛けるのと同じであって

$$e^{-r/a}\left\{\frac{1}{a^2} - \frac{2}{ar} + \frac{2m_e}{\hbar^2}\left(E + \frac{e^2}{4\pi\varepsilon_0 r}\right)\right\} = 0$$

よって

$$\frac{1}{a} = \frac{e^2 m_e}{4\pi\varepsilon_0 \hbar^2}, \quad E = -\frac{\hbar^2}{2m_e a^2} = -\frac{m_e e^4}{32\pi^2 \varepsilon_0^2 \hbar^2}$$

とえらべばよい.a はボーア半径 (5.1),E は (5.22) の基底状態のエネルギー E_1 と一致する.

時間をふくむシュレーディンガー方程式 光波の場合の (6.50) に相当する物質波の波動方程式も,シュレーディンガーによって発見された.時間をふくむ物質波の波動関数を $\Psi(x, y, z, t)$ と書くと,Ψ は

$$\boxed{i\hbar \frac{\partial \Psi}{\partial t} = -\frac{\hbar^2}{2m}\nabla^2 \Psi + U\Psi} \tag{6.57}$$

にしたがって運動するのである.これを時間をふくむシュレーディンガー方程式とよぶ.

この方程式の解のうちで,単一の角振動数 ω で振動する

$$\Psi = \phi(x, y, z)e^{-i\omega t} \tag{6.58}$$

6-7 シュレーディンガー方程式の発見

がボーアの定常状態に対応する.実際(6.58)を(6.57)に代入し,$E=\hbar\omega$ と書くと,ψ は

$$\boxed{-\frac{\hbar^2}{2m}\nabla^2\psi + U\psi = E\psi} \tag{6.59}$$

を満足すべきことがわかる.両辺に $-(2m/\hbar^2)$ を掛けてみれば,(6.59)は時間をふくまないシュレーディンガー方程式(6.53)と同じものであることがわかる.

問 題

1. $U=0$(自由粒子)の場合の定常状態をあらわす波動関数は複素平面波

$$\Psi = e^{i(k_x x + k_y y + k_z z - \omega t)}$$

であり,角振動数は

$$\omega = \frac{\hbar}{2m}(k_x{}^2 + k_y{}^2 + k_z{}^2)$$

であたえられることを確かめよ.

7 量子力学の確立

波動関数の確率論的な意味,物理量の演算子としての表示,その固有値と測定値との関係,などを,簡単な実例をあげながら説明する.

7-1 序論

 前章のおわりで量子力学の基本となるシュレーディンガー方程式を提示したけれども，これについてなお2つの重要な問題が残っている．第1は，この方程式の未知変数である波動関数 Ψ が何をあらわしているのかという問題である．第2は，第1の問題と関連することであるが，シュレーディンガー方程式が解けたとして，その解からさまざまな物理量に関する情報をどうやって引き出すかという問題である．

 シュレーディンガー自身は，波動光学が光を電磁波と見なすのと同じ意味で，電子を電子波と見なした．電場ベクトルが電磁場をあらわす量であるのと同じ意味で，波動関数 Ψ は電子場をあらわす量であり，電子の電荷や質量は $|\Psi|^2$ に比例する密度で空間に連続的に分布していると考えた．第2章のブラウン管の例で電子を粒子として扱ったのは，電子波の波長が無限小と見てよいほど短く，幾何光学に相当する近似がゆるされるからだとした．

 しかし，電子波の波長が無限小とは見なせない状況下でも，電子が粒子のようにふるまう現象がおこる．たとえば電荷を測定すれば，測定値はつねに $-e$（またはその整数倍）であり，$-e$ の 1/7 とか 1/13 というような半端な値になることはないのである．波動光学が光電効果やコンプトン散乱を説明できないのと同様に，このような電子の粒子性をシュレーディンガーの波動一元論で説明することはできない．

 シュレーディンガーの発見した数学的形式は生かしつつ，波動関数の正しい物理的意味づけを最初におこなったのはボルンである(1926年)．ボルンによれば，古典力学の粒子と同様に電子についてもその位置を問題にしてよろしいが，位置測定の結果については一般に統計的な予測しかできない．位置測定の結果，どこに電子が見出されるかわからないけれども，同じ実験を何回もくり返した場合，ある点の近傍に電子が見出される確率はそこでの $|\Psi|^2$ の値に比例するというのである．

つまり，波動関数 Ψ は電子波という物理的な波動をあらわす量ではなくて，電子に関する統計的な情報の担い手なのである．この抽象的な性格を強調するために，Ψ を**確率振幅**(probability amplitude)とよぶこともある．絶対値の2乗が確率をあたえるという意味でそうよぶのである．いまは電子の位置について述べたけれども，実は運動量，角運動量，エネルギーなど，あらゆる物理量に関する情報はすべて波動関数にふくまれている．その意味で，電子の**量子力学的状態は波動関数によってあらわされる**のである．

こうして，結局のところ，波動関数があたえられたときに，さまざまな物理量に関する情報をどうやって引きだすかという，冒頭に述べた第2の問題が残ることになる．これにたいする一般的な回答はディラックとヨルダンによってあたえられたが(1927年)，やや抽象的な話になるので『量子力学Ⅱ』にゆずる．この章では，まず波動関数の確率論的意味づけを詳しく説明し，次いで，位置，運動量，エネルギーという3種類の物理量について，やさしい具体例を示しながら，その数学的表現と測定値との関係を説明することにしよう．

7-2　電子波の回折

まず，光波の場合の波動方程式(6.50)とちがって，時間をふくむシュレーディンガー方程式(6.57)は時間について1次の微分しかふくまず，その代りに虚数単位 $i=\sqrt{-1}$ をあからさまにふくんでいることに注意しておこう．したがって，この方程式の解である波動関数 Ψ は一般に複素数である(光波の場合の複素数解は，結局のところ実数解(6.49)を求めるための数学的便法にすぎない)．一方，物理量の測定値は実数であるから，Ψ とその共役複素数 Ψ^* を組みあわせて作った実数の表式に関係しているにちがいない．そのいちばん簡単な例が $|\Psi|^2=\Psi^*\Psi$ である．前節で述べたように，シュレーディンガーは，電子が古典論の意味での波動であり，電荷や質量が $|\Psi|^2$ に比例する密度で連続的に分布していると考えた．

電子回折の思考実験　シュレーディンガーのこの解釈が正しいとして，図7-

1のような電子線の回折実験を考えてみる．マイナスz軸方向に進んできた波長λの電子波が，高さ$z=L$のところにあるしゃへい板の2つの穴S_1, S_2を通って回折をおこし，$z=0$にあるフィルムFに達してこれを黒化させるのである．2つの穴の中心をむすぶ線分の中点Mをz軸が通るように座標原点をえらび，また，各穴の半径dおよび穴の中心の間の距離Dは不等式$d\ll\lambda\ll D\ll L$を満足するものとしておく．

図7-1 電子回折の思考実験．

わずか1Vの電圧で加速した電子のド・ブローイ波長でも10Å程度しかなく，これより小さな半径の穴をあけて図7-1の実験を実施することはむずかしい．実際には結晶を使って電子線を回折させればよいのであるが，結晶はいわばミクロな穴がマクロな数集まったようなものであり，話が複雑になる．波動関数の物理的意味を理解する上では，結晶でも2つの穴でも本質は変わらない．このように，単純化された装置を想定してそこでおこるべき現象を理論的に考察するのが，**思考実験**(thought experiment, ドイツ語のGedankenexperiment)である．

干渉縞 座標原点から距離rにあるフィルム上の点Pに注目する．$L\gg D$としたから，S_1P, S_2Pがz軸となす角は，ともにMPがz軸となす角θに等しいと見てよい．

7-2 電子波の回折

　点Pの近傍でのフィルムの黒化は, そこでの電子波の強度, したがって $|\Psi|^2$ に比例すると考えられる. Ψ は2つの成分波の重ねあわせであって

$$\Psi = \Psi_1 + \Psi_2 \tag{7.1}$$

と書ける. Ψ_1 は穴 S_2 を閉じて穴 S_1 のみ開けたときの波動関数, Ψ_2 は穴 S_1 を閉じて穴 S_2 のみ開けたときの波動関数である. 穴の半径は波長より小さいとしたから, Ψ_1 は S_1 を中心とする球面波(ただし $z<L$ の空間)と見てよい. 図 7-1 の角度 θ が小さく, r が L にくらべて小さければ, フィルムはこの球面波の波面と一致しているとみてよいので, $|\Psi_1|$ はその範囲内で定数と見てよい. 同様に Ψ_2 は S_2 を中心とする球面波であり, θ が小さいとき $|\Psi_2|$ はフィルム上で一定と見ることができる.

例題1　絶対値と位相を使って(7.1)の $\Psi_1 = |\Psi_1|e^{i\alpha_1}$, $\Psi_2 = |\Psi_2|e^{i\alpha_2}$ と書き, 次の関係を証明せよ.

$$|\Psi|^2 = (|\Psi_1| - |\Psi_2|)^2 + 4|\Psi_1||\Psi_2|\cos^2\frac{\alpha_1 - \alpha_2}{2} \tag{7.2}$$

［解］

$$\begin{aligned}|\Psi|^2 &= \Psi^*\Psi \\ &= (|\Psi_1|e^{-i\alpha_1} + |\Psi_2|e^{-i\alpha_2})(|\Psi_1|e^{i\alpha_1} + |\Psi_2|e^{i\alpha_2}) \\ &= |\Psi_1|^2 + |\Psi_2|^2 + 2|\Psi_1||\Psi_2|\cos(\alpha_1 - \alpha_2)\end{aligned} \tag{7.3}$$

と $\cos(\alpha_1 - \alpha_2) = 2\cos^2[(\alpha_1 - \alpha_2)/2] - 1$ とから(7.2)が得られる. ∎

　(7.3)の第3行目で, はじめの2項はそれぞれの成分波が単独にあるときの強度の和をあたえ, 第3項が両者の干渉効果をあらわす. θ が小さいかぎり $|\Psi_1| = |\Psi_2|$ は定数と見てよいので, (7.2)の右辺第1項は0になる. 位相差 $\alpha_1 - \alpha_2$ の計算は前章のX線の場合と同様で, 距離の差 $\overline{S_1P} - \overline{S_2P} = D\sin\theta \cong D\theta$ に $(2\pi/\lambda)$ を掛けた積に等しい. したがって

$$\frac{|\Psi|^2}{|\Psi_1|^2} \cong 4\cos^2\frac{\pi D\theta}{\lambda} \tag{7.4}$$

　つまり, 穴が1つだけ開いていれば一定である強度が, Ψ_1 と Ψ_2 の間の干渉効果のために, θ が λ/D だけ増すごとに極大(極小)をくり返す(図7-2). フィ

ルムには同心円の干渉縞が撮影され(図7-3),半径が

$$\Delta r = \frac{\lambda}{D} L \tag{7.5}$$

増すごとに黒化の極大がくり返される.

実際の実験では,しゃへい板の代りに粉末結晶の板をおく(図7-4). 粉末結晶

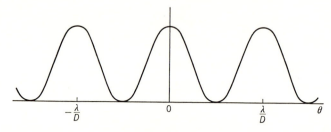

図7-2 回折波の強度分布.

図7-3 古典波の回折像.

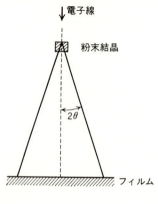

図7-4 デバイ–シェラーの実験.

は多数の微結晶が結晶軸をさまざまな方向にむけて集まったものであり，微結晶のうちでブラッグ条件を満足する方位をもったものからの散乱波が円錐状に伝播し，フィルム上に環状の干渉縞を作るのである(デバイ-シェラー Debye-Scherrer 環).

問　題

1. 図7-4の粉末結晶による電子線回折の場合，ブラッグ条件 $2D \sin \theta = n\lambda$ で決まる半頂角 2θ の円錐面に沿って散乱がおこることを示せ．ただし，ここの D は微結晶の網平面の間隔をあらわす.

注意：整数 n の違い，および網平面のえらび方による D の値の違いに応じて，複数個のデバイ-シェラー環が観測される可能性がある.

7-3　確率振幅としての Ψ

図7-3の写真は電子が古典的な波動であるとするシュレーディンガーの考えを支持するように見えるが，これは強い電子線を使ったからなのである．電子線の強度を下げると，電子が粒子と波動の2重性をもつという事実を無視できなくなる．これをはっきり見るには，図7-1や図7-4のフィルムの代りに，多数の計数管を蜂の巣のようにFの位置にならべるとよい(図7-5)．計数管にた

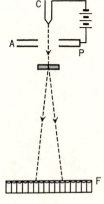

図7-5　計数管による位置測定.

いして電子は粒子性をあらわすからである.

　計数管というのは，荷電粒子が入射すると管内の気体分子がイオン化して放電がおこり，電気的なパルスを発生する装置である．ただし入射粒子の運動エネルギーは気体分子のイオン化エネルギーより大きいことが必要であるが，そうであれば1個の粒子が入射してもパルスを発生し，粒子を1個1個かぞえることができる．

　図7-5で陰極Cと陽極Aの間の加速電圧を一定に保ちながら電子線のはこぶ電流値を下げる．かりに電子を古典的な粒子と考えるなら，標的Pに入射する電子の運動エネルギーは一定で，毎秒入射する電子数が減少することになる．当然電子線のはこぶエネルギー，つまり，1個の電子の運動エネルギーと毎秒入射する電子数の積も小さくなる．しかし，電子が粒子であるなら，図7-5のFに2個以上の電子が同時に到着することはないほど電子線を弱くしても，どれかの計数管に放電がおこるはずである．

　実験結果はまさにその通りになるのであるが，これを電子が古典的な波動であるとして説明することはできない．波動関数 Ψ は標的Pによって回折をおこし，Fに到達したときにはFの全面にひろがっている．したがって，Ψ が電子波そのものをあらわすとすると，電子線の強度がある程度以下になれば計数管1本あたりの入射エネルギーは気体分子のイオン化エネルギーより小さく，放電はおこりえない．この事情は，光を波動と考えて光電効果を説明しようとする場合の困難とよく似ている．では，すくなくとも弱い電子線の場合，電子を古典的粒子と見てよいかというと，以下詳しく述べるように，答はノーである．

　粒子・波動の2重性と確率振幅としての Ψ　図7-5の各計数管に発生する電気的なパルスをテレビのブラウン管の画面に輝点として表示させ，電子がどの計数管に入射するかをテレビ画像として観察する．電子線は弱くて，同時に2個以上の輝点が画面に現われることはないとしよう．銃で標的をめくら撃ちするのと同様に，輝点はテレビ画面のあちこちにランダムに現われては消える．

　テレビ画面を写真に撮れば，射撃成績を示す標的の弾痕のように，露出時間

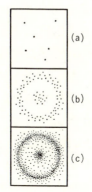

図 7-6　位置測定の結果.

内に画面に現われた輝点が撮影される．露出時間が比較的に短いときには，輝点の数は少なく，その分布もランダムである(図 7-6 a)．つまり，電子がどの計数管に入射するかを予言することはできない．露出時間が長くなるにしたがって撮影される輝点の数が増え，その分布に規則性が見えてくる(図 7-6 b)．露出時間をじゅうぶん長くすれば，輝点の分布は図 7-4 と同じ形状の濃淡を示し，その分布密度は波動論で計算した波動関数の絶対値の 2 乗 $|\varPsi|^2$ に比例するのである．

　この干渉縞を電子が古典的な粒子であるとして説明することはできない．図 7-5 のように粉末結晶による散乱を考えるとわかりにくいので，図 7-1 の思考実験に話をもどそう．電子を古典的な粒子と見なすならば，いま考えている弱い電子線の場合，電子が 1 個ずつしゃへい板に入射し，2 つの穴のどちらか一方を通って F に達することになる．一方の穴を通る電子は，他方の穴が開いているか閉じているかを知る由もない．テレビ画像の輝点の分布は，S_2 を閉じて S_1 を開けたときの分布と S_1 を閉じて S_2 を開けたときの分布の算術平均になるはずである．一方の穴を閉じたときには放電のおこっていた計数管が，両方の穴を開けたときに全く放電しなくなること((7.3)が 0 になる角 θ の存在すること)はありえない．

　以上を要約すると，波動一元論も粒子一元論も正しくないのであって，結晶による散乱については電子を波動と考え，計数管との相互作用については粒子

と考えることが必要である．このようにケース・バイ・ケースに見方を変えるのではなくて，一貫した立場から電子を扱うことはできないだろうか？

この質問に答えるのが，ボルンにはじまる波動関数 Ψ の**確率論的な解釈**である．電子は古典論の粒子と同様に位置や運動量という物理的属性をもっているのであるが，これらの量を測定したときに得られる測定値は確定していなくて，測定結果について一般に統計的な予測しかできないとするのである．実際，図7-5 の計数管は電子が F 上のどの点に到着するかを決める位置測定装置であり，図7-6 は1個の電子の位置測定を何回もくり返した結果を示すものと見ることができる（輝点の数が測定回数）．少数回の測定の場合（図7-6 a）には測定値はランダムに分布し，測定結果を理論的に予想することは不可能である．理論的にいえるのは，位置測定をじゅうぶん多数回くり返したとき（図7-6 c），電子がある点の近傍に見出される確率はその点での $|\Psi|^2$ の値に比例するということだけである．もっと正確には，電子の波動関数を $\Psi(x,y,z,t)$ として，時刻 t に位置測定をおこなうと，位置座標が x と $x+dx$, y と $y+dy$, z と $z+dz$ の間にそれぞれ見出される確率は

$$|\Psi(x,y,z,t)|^2 dxdydz \qquad (7.6)$$

に比例するのである．

7-1 節で述べたように，この抽象的な性格を強調するために，Ψ を**確率振幅**とよぶことがある．電子の波動性は，**確率振幅について重ねあわせの原理が成立する**という数学的・抽象的な形に表現されるのである．重ねあわせの原理が成立する結果として，(7.3)の右辺第3項であらわされるような干渉がおこるが，これも確率についての干渉であり，同じ実験を多数回くり返したときに現われる統計的効果としてのみ観測される（図7-6 c）．

これと関連して，図7-6(a)に見られる位置測定の結果の**ゆらぎ**（fluctuation）は，電子が粒子・波動の2重性をもつために必然的に現われるものであって，測定誤差にもとづくものでもないし，統計力学の場合のように力学系に関する情報が不完全であることにもとづくものでもないことを強調しておこう．

7-4 不確定性原理

たとえ全知全能の神でも，図7-6(a)の輝点がどこに現われるか正確に予言することは不可能だというのが量子力学の立場なのである．量子力学はミクロな力学系の示す粒子・波動の2重性を統一的に把握することに成功したけれども，この統一は自然現象の因果的・一義的記述を断念することによって得られたものである．

問　題

1. 図7-6(c)のようにデバイ-シェラー環がはっきり見えるためには，図7-5で電子の入射する計数管の断面積をあまり大きくしてはならない．およその上限を，電子のド・ブローイ波長 λ，微結晶中の網平面の間隔 D，標的Pと計数管の間隔 L を使ってあらわせ．

7-4　不確定性原理

以下，数式を見やすくするために，波動関数 Ψ が時間 t のほかには空間座標の1つ，たとえば x にのみ依存する場合を考える．

$$|\Psi(x,t)|^2 dx \tag{7.7}$$

は，時刻 t に位置を測定したときに，測定値が x と $x+dx$ の間に見出される確率に比例する．

規格化条件　シュレーディンガー方程式(6.57)は線形だから，c を複素定数として，Ψ が解なら $c\Psi$ も解である．ただし，$c \neq 0$ とする（$c=0$ だと $c\Psi$ はいたるところ0になってしまって，物理的な意味を失う）．電子が点 x_1 の近傍に見出される確率と点 x_2 の近傍に見出される確率の比

$$\frac{|\Psi(x_1,t)|^2 dx}{|\Psi(x_2,t)|^2 dx} \tag{7.8}$$

は，Ψ を $c\Psi$ におきかえても変わらない．量子力学では Ψ と $c\Psi$ は同じ状態をあらわす．

このように波動関数は定数因子だけ不定であることを利用して，Ψ は

$$\int_{-\infty}^{\infty}|\Psi|^2 dx = 1 \tag{7.9}$$

を満足すべしという規格化条件を付加することがある.この条件を満足するとき,Ψは**規格化されている**という.Ψが規格化されていれば,(7.7)は電子の位置がxと$x+dx$の間に見出される確率そのものになる.

例題1 (7.9)が成立するとき,(7.7)は電子の位置がxと$x+dx$の間に見出される確率であることを示せ.

[解] x軸を微小な幅$\varDelta x$の小区間に分割し,i番目の小区間に代表点x_iを適当にえらんでおく.電子がこの区間内に見出される確率は

$$P_i = \frac{1}{N}|\Psi(x_i,t)|^2 \varDelta x$$

であたえられる.ただし,Nは確率P_iをすべての小区間について加えあわせた全確率が1に等しくなるようにつけた規格化因子で

$$N = \sum_i |\Psi(x_i,t)|^2 \varDelta x$$

$\varDelta x \to 0$の極限で右辺は(7.9)の左辺の積分になるから,(7.9)は$N=1$を意味する. ∎

この例題と同様の論法で,Ψが規格化されているとき,測定値xの平均$\langle x \rangle$は次の公式であたえられることがわかる.

$$\begin{aligned}\langle x \rangle &= \int_{-\infty}^{\infty} x|\Psi|^2 dx \\ &= \int_{-\infty}^{\infty} \Psi^* x \Psi dx \end{aligned} \tag{7.10}$$

第2行は単なる書きかえであるが,あとでわかるように,この形の方が量子力学の一般論にフィットしているのである.

$\langle x^2 \rangle$, $\langle x^3 \rangle$, … も同様の公式であたえられ,結局,電子の位置に関する統計的情報は(7.7)から求められることになる.では電子の運動量についてはどうか? これを次に考えよう.

不確定性原理 ある時刻(たとえば$t=0$)における波動関数が複素平面波

7-4 不確定性原理

$$\psi(x) = e^{ik_x x} \tag{7.11}$$

であるとしよう．ド・ブローイにしたがって，これは電子の運動量のx成分が$p_x = \hbar k_x$に等しい状態をあらわしていると考えてよかろう．もっと正確にいえば，この状態にある電子の運動量を測定すると，確定した測定値$\hbar k_x$が得られるのである．

一方，$|\psi|^2 = \psi^* \psi = e^{-ik_x x} e^{ik_x x} = 1$であってこれは$x$に依存しないから，(7.9)の左辺の積分は$\infty$になり，(7.11)を規格化することはできない．しかし，この場合でも確率の比(7.8)を考えることはでき，Ψとして(7.11)を代入すればこの比はもちろん1に等しい．つまり，電子はx軸上のどこにでも等しい確率で見出され，位置は全く不確定であり，位置のゆらぎは無限大である．

図7-7のように，z軸方向に一定の入射速度vをもつ電子線をおくりこむと，$k = (m_e v / \hbar)$として，$z<0$における電子の状態はe^{ikz}であらわされると考えてよかろう（図のスクリーンは電子を完全に吸収するとする）．したがって電子の位置は全く不確定である．スクリーンにx軸方向の幅Δxのスリットをあけておくと，スリットを通過した直後の電子のx軸方向の位置のゆらぎはΔxにしぼられる．つまり，プラスzの側から$z \to 0$としたときの波動関数は

$$\psi(x) = \begin{cases} 1, & \left(|x| < \dfrac{1}{2}\Delta x\right) \\ 0, & \left(|x| > \dfrac{1}{2}\Delta x\right) \end{cases} \tag{7.12}$$

であたえられるであろう．このように，有限な領域にとじこめられた波動関数

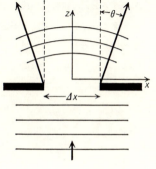

図7-7 不確定性原理．

ハイゼンベルクとアインシュタイン

　行列力学(6-1節参照)の建設は，ハイゼンベルクによる古典的軌道概念の放棄宣言からはじまった．しかし，その根拠は電子の波動性ではなく(コペンハーゲン学派の人びとはこの可能性に気づかなかった)，ボーア理論に現われる原子内電子の位置や公転周期は原理上観測不可能であり，正しい量子力学は観測可能な量のみで書かれるべきだ，というやや哲学的な主張であった．同様の主張は，ニュートンの絶対時間を否定して特殊相対性理論を建設したアインシュタインにも見られる．ある夜アインシュタインの自宅に招かれた若きハイゼンベルクは，この偉大な先輩が当然自分の理論に共鳴してくれるものと期待した．意外にもアインシュタインの反応は冷く，相対論の場合に利用した哲学に深い意味はなく，実際の時間測定法がどんなものかを思い出すための方便に過ぎなかったというのである．アインシュタインは量子論の発展に大きな影響をあたえた人であるが，完成した量子力学が波動関数を確率的に解釈し，ミクロ現象の因果的記述を放棄したことに強い不満を抱いたのであった．確率論はアインシュタインのブラウン運動論にも使われるが，これは私たちの情報不足を補うためであり，全知全能の神の眼には，ブラウン粒子の運動も惑星の運動と同様に因果的に映るであろう．一方，量子力学によれば，たとえば図7-6(a)の輝点が画面のどこに現われるか予測不可能であり，神といえどもダイスを振って答をお決めになるほかないというのである．これはアインシュタインにとって容認しがたい自然観であったらしく，私には神がダイスを投げたもうとはとても思えませんがね，とハイゼンベルクに語っている．

7-4 不確定性原理

を**波束**(wave packet)とよぶ．

一方，古典的な波動と同様，スリットを通ると波動関数は回折をおこすはずである．数学的にいえば，$z>0$ における波動関数を平面波の重ねあわせとしてあらわすと，平面波の波動ベクトルは x 軸方向の成分 k_x をもつことになる．k_x の値は 0 を中心として幅 Δk_x のひろがりをもつとしよう．ド・ブローイの式によって翻訳すれば，電子の運動量の x 成分が幅 $\Delta p_x = \hbar \Delta k_x$ の区間のさまざまな値をとりうることであり，Δp_x が運動量のゆらぎと考えられる．

図 7-7 のように，回折波の進行方向のひろがりが θ であるとすると，$\Delta k_x = 2k \sin\theta$ である．一方，前章の回折格子の話をおもい出してみると，θ は $\Delta x \sin\theta \cong \lambda = (2\pi/k)$ で決められると考えてよい．したがって

$$\Delta x \cdot \Delta k_x \cong \frac{2\pi}{k \sin\theta} \cdot 2k \sin\theta = 4\pi \tag{7.13}$$

両辺に $\hbar$ を掛け，$\Delta p_x = \hbar \Delta k_x$ と書くと

$$\boxed{\Delta x \cdot \Delta p_x \cong 4\pi \hbar} \tag{7.14}$$

つまり，スリットを通して電子の位置のゆらぎを Δx にしぼると，x 軸方向の運動量のゆらぎ Δp_x が必然的にあらわれ，両者の積はプランク定数に 1 の程度の数係数を掛けたものになる．位置が確定した状態あるいは運動量が確定した状態はありうるが，両者が同時に確定した値をもつことはできないのである．これを**不確定性原理**(uncertainty principle)とよぶ．歴史的には，量子力学の数学的定式化が一応おわった段階で，ハイゼンベルクがいくつかの思考実験にもとづいて確立したものである．

上の導き方を見てもわかるように，不確定性原理は電子（とかぎらず一般にミクロな粒子）が一方では**波動性**をもつことに由来する．プランク定数を無限小と見なせる現象の場合にのみ，電子を古典的な粒子として扱うことがゆるされるのである．

問　題

1. 水素原子の基底状態(6.55)の場合，電子と陽子の距離が r と $r+dr$ の間にある確率は

$$P(r)dr = \frac{4r^2}{a^3}e^{-2r/a}$$

であることを示し，これが最大となる r の値を求めよ．

7-5　運動量表示の波動関数

　数学の立場から見ると，(7.13)あるいは(7.14)はフーリエ変換の理論でよく知られた関係である．フーリエ変換を物理の言葉で述べれば，(7.12)のような波束を，複素平面波(7.11)を k_x について重ねあわせた形に表示することにほかならない．ここでは k_x の代りに $p_x = \hbar k_x$ を使い，時刻 t も一般の値であるとして書くことにする．波動関数は一般に

$$\boxed{\Psi(x,t) = \int_{-\infty}^{\infty} \Phi(p_x,t) e^{\frac{i}{\hbar}p_x x} \frac{dp_x}{(2\pi\hbar)^{1/2}}} \qquad (7.15)$$

という形に表示できて，重ねあわせの係数 Φ は次の公式によって計算すればよい．

$$\boxed{\Phi(p_x,t) = \int_{-\infty}^{\infty} \Psi(x,t) e^{-\frac{i}{\hbar}p_x x} \frac{dx}{(2\pi\hbar)^{1/2}}} \qquad (7.16)$$

　数学では(7.16)を Ψ のフーリエ変換，(7.15)をその逆変換とよぶ(その逆のよび方でもよい)．両者の間には

$$\int_{-\infty}^{\infty} |\Psi|^2 dx = \int_{-\infty}^{\infty} |\Phi|^2 dp_x \qquad (7.17)$$

の関係のあることが知られているから，Ψ が(7.9)のように規格化されていれば，Φ は次のように規格化されていることになる．

$$\int_{-\infty}^{\infty} |\Phi|^2 dp_x = 1 \qquad (7.18)$$

7-5 運動量表示の波動関数

そこで，Ψ のフーリエ変換 Φ は運動量にたいする確率振幅であると考えることにしよう．時刻 t に電子の運動量成分を測定した場合，測定値が p_x と p_x+dp_x の間に見出される確率は

$$|\Phi(p_x,t)|^2 dp_x \tag{7.19}$$

に比例するのである．Φ が (7.18) のように規格化されていれば，(7.19) は確率そのものになる．

例題 1 $\Psi(x,0)$ が波束 (7.12) で定義される x の関数であるとき，(7.16) の関数 $\Phi(p_x,0)$ を求めよ．

[解] $\Phi(p_x,0)$ を $\phi(p_x)$ と書くと

$$\begin{aligned}
\phi(p_x) &= \int_{-\Delta x/2}^{\Delta x/2} e^{-\frac{i}{\hbar}p_x x} \frac{dx}{(2\pi\hbar)^{1/2}} \\
&= \frac{1}{(2\pi\hbar)^{1/2}} \left(\frac{\hbar}{ip_x}\right) \left(e^{\frac{i}{2\hbar}p_x \Delta x} - e^{-\frac{i}{2\hbar}p_x \Delta x}\right) \\
&= \frac{\Delta x}{(2\pi\hbar)^{1/2}} \cdot \frac{\sin\xi}{\xi}, \quad \xi = \frac{\Delta x}{2\hbar} p_x
\end{aligned} \tag{7.20}$$

である．

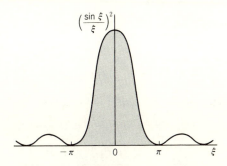

図 7-8 波束の運動量分布．$\xi = (\Delta x/2\hbar)p_x$．

この場合，$|\phi|^2$ は $((\sin\xi)/\xi)^2$ に比例し，後者のグラフは図 7-8 のようになる．図の影をつけたピークの幅 $\Delta\xi = 2\pi$ によって運動量のゆらぎ $\Delta p_x = (2\hbar\Delta\xi/\Delta x)$ が決まると考えれば，不確定性原理 (7.14) が得られる．図 7-8 のグラフのどの幅を採るかによって，(7.14) の右辺の数係数は多少変わるけれども，重要なのは

この右辺がプランク定数に1とあまりちがわない数係数を掛けたものだという事実である.

不確定性原理は, 波束(7.12)にかぎるものではない. フーリエ変換でむすびつけられた2つの関数の間には, 一方がひろがれば他方がこれに逆比例してちぢむ, という一般的な関係があるからである.

物理量と演算子 以下 Ψ を座標表示の波動関数とよび, そのフーリエ変換 Φ を運動量表示の波動関数とよぶことにしよう. 両者は等価であり, 電子の量子力学的状態はどちらであらわしてもよい.

ところで, 量子力学における物理量は, 波動関数に作用してこれを(一般には別の)波動関数に変換する演算子であらわされることに注意しよう. 単純な例は電子の位置座標 x で, これは座標表示の波動関数 $\Psi(x,t)$ を $x\Psi(x,t)$ に変換する演算子と見なすことができる. ところが, (7.16)の両辺を p_x で微分してみればわかるように, $x\Psi$ のフーリエ変換は

$$-\frac{\hbar}{i}\frac{\partial}{\partial p_x}\Phi(p_x,t) = \int_{-\infty}^{\infty} x\Psi(x,t)e^{-\frac{i}{\hbar}p_x x}\frac{dx}{(2\pi\hbar)^{1/2}} \qquad (7.21)$$

となる. 運動量表示の波動関数にたいしては, 電子の位置は微分演算子 $i\hbar(\partial/\partial p_x)$ であらわされるのである.

運動量については事情が逆であって, (7.15)の両辺を x で微分すると

$$\frac{\hbar}{i}\frac{\partial}{\partial x}\Psi(x,t) = \int_{-\infty}^{\infty} p_x \Phi(p_x,t)e^{\frac{i}{\hbar}p_x x}\frac{dp_x}{(2\pi\hbar)^{1/2}} \qquad (7.22)$$

座標表示の波動関数にたいして, 運動量成分は微分演算子

$$\boxed{\frac{\hbar}{i}\frac{\partial}{\partial x}, \quad \frac{\hbar}{i}\frac{\partial}{\partial y}, \quad \frac{\hbar}{i}\frac{\partial}{\partial z}} \qquad (7.23)$$

であらわされるのである.

例題2 電子の運動量の平均値にたいし次の公式を証明せよ.

$$\langle p_x \rangle = \int_{-\infty}^{\infty} \Psi^* \frac{\hbar}{i}\frac{\partial \Psi}{\partial x} dx \qquad (7.24)$$

[解] 右辺の積分に(7.22)を代入して

$$\int_{-\infty}^{\infty} \Psi^* \frac{\hbar}{i} \frac{\partial \Psi}{\partial x} dx = \frac{1}{(2\pi\hbar)^{1/2}} \int_{-\infty}^{\infty} dx \int_{-\infty}^{\infty} dp_x \Psi^* e^{\frac{i}{\hbar} p_x x} p_x \Phi$$
$$= \int_{-\infty}^{\infty} dp_x \Phi^* p_x \Phi$$

第1行から第2行へ移るとき,(7.16)の共役複素式を使った. 第2行の表式が$\langle p_x \rangle$に等しいことは(7.10)と同様に証明される.∎

演算子の固有値と固有関数 物理量をあらわす演算子A, 実定数a, 波動関数$\phi_a(x)$が方程式

$$\boxed{A\phi_a = a\phi_a} \tag{7.25}$$

を満足するときに, aを演算子Aの**固有値**とよび, ϕ_aをこの固有値にぞくする**固有関数**とよぶ. 簡単な実例は

$$\frac{\hbar}{i} \frac{\partial}{\partial x} e^{\frac{i}{\hbar} p_x x} = p_x e^{\frac{i}{\hbar} p_x x} \tag{7.26}$$

であって, 複素平面波(7.11)は運動量をあらわす演算子の固有値$p_x = \hbar k_x$にぞくする固有関数である.

(7.11)であらわされる状態では, 運動量が確定値$\hbar k_x$をもつと考えたのであるが, これを一般化して, 固有関数ϕ_aであらわされる状態では, 演算子Aであらわされる物理量が確定値aをもつと考えることにする.

では, 位置をあらわす演算子の固有関数は何か？ これに答えるには, まず(7.16)を(7.15)に代入してみるとよい. (7.16)のxは積分変数だから(7.15)のxと区別するためにx'と書くと

$$\Psi(x,t) = \int_{-\infty}^{\infty} \delta(x-x')\Psi(x',t)dx' \tag{7.27}$$

$$\delta(x-x') = \int_{-\infty}^{\infty} e^{\frac{i}{\hbar} p_x(x-x')} \frac{dp_x}{2\pi\hbar} \tag{7.28}$$

(7.28)はすべての複素平面波を等しい振幅で重ねあわせた波束であり, ディラックの**デルタ関数**とよばれる. それは1点に凝縮した波束であって, $x \neq x'$なら平面波が干渉で打ち消しあって0になる. しかし, $x = x'$では無限大であって積分は1に等しい.

$$\delta(x-x') = 0, \quad x \neq x' \tag{7.29}$$

$$\int_{-\infty}^{\infty} \delta(x-x')dx' = 1 \tag{7.30}$$

実際，(7.29)により，(7.27)の右辺の $\Psi(x',t)$ を $\Psi(x,t)$ でおきかえてよく，残りの積分は(7.30)により1に等しいのである.

(7.29)の両辺に $x-x'$ を掛けることにより

$$x\delta(x-x') = x'\delta(x-x') \tag{7.31}$$

が得られるから，波束(7.28)は位置をあらわす演算子の固有値 x' にぞくする固有関数である.

問 題

1. 次の公式を証明せよ.

(i) $\langle p_x{}^2 \rangle = \hbar^2 \int_{-\infty}^{\infty} \dfrac{\partial \Psi^*}{\partial x}\dfrac{\partial \Psi}{\partial x}dx$ (ii) $\int_{-\infty}^{\infty} \delta(x)f(x)dx = f(0)$

ただし $f(x)$ は連続とする.

7-6 シュレーディンガー方程式とエネルギー準位

質量 m の粒子がポテンシャル $U(x,y,z)$ の外力を受けて運動している場合，古典力学のハミルトニアン(3.20)の運動量成分を演算子(7.23)でおきかえることにより，エネルギーをあらわす演算子が次のように得られる.

$$\boxed{H = -\frac{\hbar^2}{2m}\left(\frac{\partial^2}{\partial x^2}+\frac{\partial^2}{\partial y^2}+\frac{\partial^2}{\partial z^2}\right)+U(x,y,z)} \tag{7.32}$$

量子力学でもこの演算子をハミルトニアンとよぶ.

時間をふくむシュレーディンガー方程式(6.57)は，演算子(7.32)を使って次のように書ける.

$$\boxed{i\hbar\frac{\partial \Psi}{\partial t} = H\Psi} \tag{7.33}$$

7-6 シュレーディンガー方程式とエネルギー準位

この形に書いたシュレーディンガー方程式は一般の力学系にたいして成立するのであって，H としてその系のエネルギーをあらわすハミルトニアン演算子を使えばよいのである．

前章で述べたとおり，E を定数として

$$\Psi = \phi(x, y, z)e^{-\frac{i}{\hbar}Et} \tag{7.34}$$

が定常状態をあらわす波動関数である．確率をあたえる

$$|\Psi|^2 = \Psi^*\Psi = \phi^*\phi e^{\frac{i}{\hbar}Et}e^{-\frac{i}{\hbar}Et}$$
$$= |\phi|^2 \tag{7.35}$$

が時間をふくまないので，定常状態という名称のふさわしいことがわかる．

(7.34)を(7.33)に代入して，ϕ にたいする時間をふくまないシュレーディンガー方程式が得られる．

$$H\phi = E\phi \tag{7.36}$$

つまり，ϕ はハミルトニアン H の固有値 E にぞくする固有関数であり，定常状態(7.34)にある系のエネルギーは確定値 E をもっているのである．つまり，**ハミルトニアンの固有値が系のエネルギー準位をあたえる**．

ハミルトニアンもそうであるが，一般に物理量をあらわす演算子 A は線形であることに注意しておこう．Ψ_1, Ψ_2 を波動関数，c_1, c_2 を複素定数として

$$A(c_1\Psi_1 + c_2\Psi_2) = c_1 A\Psi_1 + c_2 A\Psi_2 \tag{7.37}$$

が成立するのである．

例題1 (7.25)の固有関数 ϕ_a は定数因子だけ不定であることを示せ．

[解] c を0でない複素定数とすると，(7.37)により

$$A(c\phi_a) = cA\phi_a = ca\phi_a = a(c\phi_a)$$

となって，$c\phi_a$ も同じ固有値 a にぞくする固有関数である．しかし，すでに述べたとおり，ϕ_a と $c\phi_a$ とは同じ量子力学的状態をあらわすのであって，物理的には区別する必要がない．▮

井戸型ポテンシャル シュレーディンガー方程式(7.36)の固有関数が指数関

数と三角関数であらわされる,という意味で初等的な例を1つ示そう.1次元のシュレーディンガー方程式

$$-\frac{\hbar^2}{2m}\frac{d^2\phi(x)}{dx^2}+U(x)\phi(x)=E\phi(x) \tag{7.38}$$

のポテンシャルが次の形であるとする.

$$U(x)=\begin{cases} 0, & |x|<a \\ U_0, & |x|>a \end{cases} \tag{7.39}$$

ただし,$U_0>0$ とする.x の変域を3つにわけて,$x<-a$ を I,$-a<x<a$ を II,$x>a$ を III と名づける(図7-9).このポテンシャルは $U(x)=U(-x)$ という対称性をもつので,(7.38)で $x\to -x$ とおきかえてみればわかるように,$\phi(-x)$ も同じ固有値 E にぞくする固有関数である.方程式は線形であるから,偶関数 $\phi(x)+\phi(-x)$ も(ϕ 自身が奇関数でこの和が恒等的に0になる場合を除き)やはりそうであるし,奇関数 $\phi(x)-\phi(-x)$ も(ϕ 自身が偶関数である場合を除き)そうである.したがって,はじめから ϕ を偶関数または奇関数と仮定してよい.

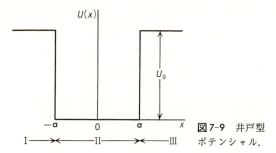

図7-9 井戸型ポテンシャル.

さて,(7.38)は領域 I, III および領域 II でそれぞれ次の形に書ける.

$$\phi''=\mp\kappa^2\phi(\text{I, III}), \qquad \phi''=\mp k^2\phi(\text{II}) \tag{7.40}$$

ダッシュは x について微分することを意味し,また

$$k=\left[\frac{2m}{\hbar^2}|E|\right]^{1/2}, \qquad \kappa=\left[\frac{2m}{\hbar^2}|E-U_0|\right]^{1/2} \tag{7.41}$$

(7.40)の $\mp$ は,$E>0, E>U_0$ ならマイナスを採り,$E<0, E<U_0$ ならプラスを採る.プラスを採ると ϕ は指数関数 $e^{\pm kx}, e^{\pm\kappa x}$ であり,マイナスを採ると kx

7-6 シュレーディンガー方程式とエネルギー準位

または κx を変数とするコサインまたはサインである．これらの解を 境界 $x=\pm a$ で ϕ のグラフがなめらかになるよう，つまり ϕ および ϕ' が連続になるよう接続して全区間 $-\infty < x < \infty$ の ϕ とするのである．

ところで，指数関数は x 軸にむかって凸，コサインやサインは x 軸にむかって凹であることに注意しよう．以下の話で重要なのはこの凹凸であって，$U(x)$ の関数形がもっと複雑な場合にも定性的にはあてはまる（凹凸を決めるのは ϕ'' の符号であり，(7.38)の場合，この符号は $U(x)-E$ の符号と一致する）．

偶関数の解を考えることにし，たとえば $\phi(0)=1$, $\phi'(0)=0$ とおくと，(7.40) の解は決まってしまう（奇関数のときには $\phi(0)=0$, $\phi'(0)=1$ とすればよい）．$E<0$ なら ϕ はいたるところ凸であり，図7-10の曲線(1)のように $x\to\infty$ で $\phi\to\infty$ となる．これは物理的に意味のない解である（どんな有限区間をとっても，その中に粒子の見出される確率は無限小）．

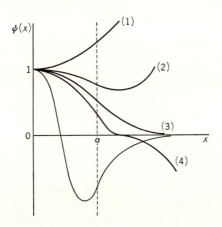

図7-10 波動関数のエネルギー依存性．

$0<E<U_0$ なら，ϕ は領域 II で凹，領域 III で凸になる．E が小さいときは，$x=a$ における勾配が小さく，図7-10の曲線(2)のように，やはり $x\to\infty$ で $\phi\to\infty$ である．E がある正の値 E_1 に達したときに，領域 III での解が $e^{-\kappa x}$ に比例し，$x\to\infty$ で $\phi\to 0$ となる（曲線(3)）．E_1 が最低のエネルギー固有値，つまり基底状態のエネルギーである．このように無限遠で $|\phi|^2$ が 0 となる状態を束

縛状態(bound state)とよぶ. 古典力学では粒子が静止しているときに最低エネルギー $E=0$ が得られるのにたいし, $E_1>0$ であって, 粒子は基底状態でも運動していることになる. これを**零点運動**(zeropoint motion)とよぶ. 粒子の運動が有限な大きさ Δx の区間にかぎられると(いまの場合 $\Delta x \cong 2a+4\kappa^{-1}$), 不確定性原理によって運動量のゆらぎ $\Delta p \sim \hbar/\Delta x$ が生ずるから, 量子力学では粒子が静止することはありえない. なお, 古典力学では $E<U_0$ なら粒子は領域IIを往復運動するのにたいし, 量子力学では $e^{-2\kappa|x|}$ に比例する確率で $|x|$ が a をこえる.

E が E_1 をこえると, 図7-10の曲線(4)のように, ふたたび $x\to\infty$ で $\phi\to-\infty$ となり, E が次の固有値 E_2 に等しくなったとき, ϕ は領域IIで一度0になったのち, 領域IIIで $e^{-\kappa x}$ に比例する. 一般には, こうして何個かの束縛状態とそのエネルギーをあらわす離散固有値 $E_1, E_2, \cdots$ を得たのちに $E>U_0$ となる.

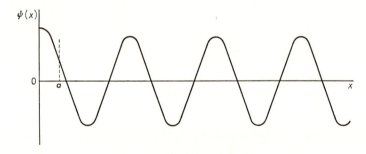

図7-11 連続準位の固有関数.

$E>U_0$ なら, E がどんな値でも ϕ はすべての x で凹であり, $x\to\infty$ のとき有限にとどまる(図7-11). つまり任意の E が固有値としてゆるされる(連続固有値). 古典力学では, 粒子が一方の無限遠からとんできて他方の無限遠へとび去る場合である. 量子力学では, 外力による粒子の散乱を扱うことになるが, これについては『量子力学 II』で述べることにする.

最後に $U_0\to\infty$ の極限を考えると, $\kappa\to\infty$ となり, 領域 I, III では束縛状態をあらわす ϕ は0になってしまう. つまり, 領域IIの $\phi''=-k^2\phi$ を $\phi(\pm a)=0$ と

いう境界条件で解くことになり，両端を固定した弦の固有振動の場合と同形の固有値問題である．

問　題

1. $U_0 \to \infty$ の場合のエネルギー固有値と固有関数を求めよ．
2. 井戸の深さが

$$U_0 < \frac{\hbar^2}{2m}\left(\frac{\pi}{2a}\right)^2$$

となると束縛状態は1個しかないことを示せ．この不等式の右辺はどんなエネルギーをあらわしているか？

7-7　調和振動子のエネルギー準位

質量 m，古典力学的な角振動数 ω の調和振動子を考えると $U(x)=(1/2)m\omega^2 \cdot x^2$ であり，(7.38)は次の形になる．

$$-\frac{\hbar^2}{2m}\frac{d^2\psi}{dx^2}+\frac{1}{2}m\omega^2 x^2 \psi = E\psi \tag{7.42}$$

これは井戸の深さ U_0 が ∞ の前節の問題1に似ている．$x \to \pm\infty$ で ψ が発散しないような解は，E がとびとびの固有値

$$\boxed{E_n = \left(n+\frac{1}{2}\right)\hbar\omega, \quad n=0,1,2,\cdots} \tag{7.43}$$

に等しいときにのみ存在することを以下証明しよう．古典的な最低エネルギーは $E=0$ であるのにたいし，基底状態 ($n=0$) のエネルギーは正の値 $(1/2)\hbar\omega$ をもっている．前節で述べたように，これは不確定性原理によって必然的に要請される零点運動のエネルギーをあらわすのである．

ベキ級数解法　x の代りに変数 ξ，E の代りにパラメタ ε を次のように導入する．

$$x = \left[\frac{\hbar}{m\omega}\right]^{1/2}\xi, \quad E = \frac{1}{2}\hbar\omega\varepsilon \tag{7.44}$$

$\psi(x)$ の x に第1式を代入したものを ξ の関数と見て $\phi(\xi)$ と書くと

$$\frac{d^2\psi}{dx^2} = \frac{d^2\phi}{d\xi^2}\left(\frac{d\xi}{dx}\right)^2 = \frac{m\omega}{\hbar}\frac{d^2\phi}{d\xi^2} \tag{7.45}$$

以下 ϕ を ξ で微分することをダッシュで示すと，(7.42)は次のような見やすい形に変換される．

$$\phi'' = (\xi^2 - \varepsilon)\phi \tag{7.46}$$

ξ^2 が大きいところを考え，右辺の ε を無視すれば，解は $\exp[-\xi^2/2]$ である．そこで(7.46)の解を

$$\phi(\xi) = e^{-\frac{1}{2}\xi^2} u(\xi) \tag{7.47}$$

と書き，未知関数 u の微分方程式に変換する．

$$u'' - 2\xi u' + \eta u = 0, \quad \eta = \varepsilon - 1 \tag{7.48}$$

これは数学でエルミトの微分方程式とよばれているものであるが，いまそんな予備知識はないとして，u を次のようなベキ級数の形に仮定して解を求めよう．

$$u(\xi) = c_0 + c_1\xi + c_2\xi^2 + \cdots + c_\nu\xi^\nu + \cdots \tag{7.49}$$

例題1 (7.49)を(7.48)に代入して係数 c_ν にたいする条件を求めよ．

[解] 代入した結果は

$$2c_2 + \eta c_0 + [6c_3 - (2-\eta)c_1]\xi + \cdots$$
$$+ [(\nu+1)(\nu+2)c_{\nu+2} - (2\nu-\eta)c_\nu]\xi^\nu + \cdots = 0$$

これがあらゆる ξ について成立するための条件は，$\xi^0, \xi^1, \xi^2, \cdots, \xi^\nu, \cdots$ の係数がそれぞれ0になることである．したがって

$$c_{\nu+2} = \frac{2\nu - \eta}{(\nu+1)(\nu+2)} c_\nu \tag{7.50}$$

c_0 をあたえれば，この式によって $c_2, c_4, \cdots$ が順次 c_0 であらわされ，c_1 をあたえれば $c_1, c_3, \cdots$ が c_1 であらわされる．$c_1 = 0$ とすれば u は偶関数となり，$c_0 = 0$ とすれば u は奇関数となる．∎

こうして求めた解(7.47)が $\xi \to \pm\infty$ で有限にとどまるかどうかはチェックを要する．$|\xi|$ が大きいときの(7.49)のふるまいを決定するのは，ν の大きい項の和である．偶関数の解に注目して $\nu = 2n$ とおく．$n \gg 1$ なら(7.50)の分子の η，分母の1および2を無視できて，$(c_{2n+2}/c_{2n}) \sim n^{-1}$ が得られる．この式の右辺は

7-7 調和振動子のエネルギー準位

$\exp[\xi^2]$ を ξ^2 のベキ級数に展開したときの n 次の項と $n-1$ 次の項の係数の比であるから，$\xi \to \pm\infty$ で $u(\xi)$ は $\exp[\xi^2]$ に比例して ∞ になる．したがって，(7.47) は $\exp[\xi^2/2]$ に比例して ∞ となり，物理的に意味のある状態をあらわさない．奇関数としても同様で，$\xi \to \pm\infty$ のとき $u(\xi)$ は $\xi\exp[\xi^2]$ に比例して $\pm\infty$ になる．

唯一の例外は (7.49) が有限次の多項式となる場合である．このときには，$\xi \to \pm\infty$ で (7.47) の $\exp[-\xi^2/2]$ がどんな多項式の発散よりも急に 0 になるために，$\phi \to 0$ となって束縛状態が得られる．つまり，n を整数として，(7.50) の η が $2n$ に等しく，$\nu \geqq n+2$ の c_ν がすべて 0 になればよいのである．$\varepsilon = \eta + 1 = 2n+1$ であり，これを (7.44) の第 2 式に代入して (7.43) が得られる．

固有関数の具体的な表式については『量子力学II』で述べることにして，ここでは (7.43) についてコメントを付けておこう．このエネルギー準位は，第4章で使ったプランクの表式 $n\hbar\omega$ と零点運動のエネルギー $(1/2)\hbar\omega$ だけちがう．しかし，基底状態 $n=0$ からの励起エネルギー $E_n - E_0 = n\hbar\omega$ は同じである．固体や空洞放射の熱的性質(温度依存性)に寄与するのはこの励起エネルギーであって，その意味で第 4 章の結論は変更する必要がない．

なお，空洞放射の場合，各固有振動モードのエネルギーは ($m=1$ とした) 調和振動子のハミルトニアンであらわされるが，これは固体比熱を論ずる場合の原子の振動とちがって，電磁振動をあらわすものである．しかし，すくなくともエネルギー準位に関しては，後者も前者と同じように量子力学で扱ってよいことが，プランク理論の成功から逆にわかるわけである．このように，電磁場を量子力学の対象とすることを，**場の量子化**とよぶ．これについても『量子力学II』で述べる．

水素原子のエネルギー準位　水素原子中の電子にたいするシュレーディンガー方程式 (6.54) の束縛状態のエネルギーも，固有関数が原点からの距離 r のみの関数とすれば

$$\psi(r) = e^{-\alpha r} \sum_{\nu=0}^{\infty} c_\nu r^\nu \tag{7.51}$$

と仮定して求めることができる．以下 $E<0$ として

$$\alpha = \left[\frac{2m_e}{\hbar^2}|E|\right]^{1/2} \qquad \beta = \frac{m_e e^2}{2\pi\varepsilon_0\hbar^2} \qquad (7.52)$$

とおくと，(6.56)は次の形に書ける．

$$\frac{d^2\phi(r)}{dr^2}+\frac{2}{r}\frac{d\phi(r)}{dr}-\left(\alpha^2-\frac{\beta}{r}\right)\phi(r)=0 \qquad (7.53)$$

これに(7.51)を代入すると，

$$c_\nu = \frac{2\alpha\nu-\beta}{\nu(\nu+1)}c_{\nu-1} \qquad (7.54)$$

が得られる（読者みずから確かめよ）．

調和振動子のときと同様，もし(7.51)の級数が無限に続くとすると，$r\to\infty$ で ϕ は $\exp(\alpha r)$ に比例して ∞ になってしまう．束縛状態を得るには，級数が多項式であることが必要である．その次数を $n-1$ とすると，$\nu \geqq n$ で $c_\nu=0$ となるのであるから，$2\alpha n=\beta$ である．これを(7.52)に代入すると

$$E = -\frac{\hbar^2}{2m_e}\cdot\alpha^2 = -\frac{m_e e^4}{32\pi^2\varepsilon_0^2\hbar^2}\cdot\frac{1}{n^2} \qquad (7.55)$$

$$n = 1, 2, 3, \cdots$$

これはボーアのエネルギー準位(5.20)と一致する．

実は ϕ が r のみならず，方向に依存する固有関数も存在するのであるが，これについては『量子力学II』で述べる．

問　題

1. 調和振動子のシュレーディンガー方程式(7.42)の基底状態について以下のことを示せ．

1° 基底状態をあらわす規格化された固有関数は

$$\psi_0(x) = \left[\frac{m\omega}{\pi\hbar}\right]^{1/4}e^{-(1/2)(m\omega/\hbar)x^2}$$

2° 基底状態での位置のゆらぎ $\Delta x=[\langle x^2\rangle-\langle x\rangle^2]^{1/2}$ について

$$\Delta x = \left[\frac{\hbar}{2m\omega}\right]^{1/2}$$

3° 運動量表示の波動関数は

7-7 調和振動子のエネルギー準位

$$\phi_0(p_x) = \int_{-\infty}^{\infty} \psi_0(x) e^{-(i/\hbar)p_x x} \frac{dx}{(2\pi\hbar)^{1/2}} = (\pi\hbar m\omega)^{-(1/4)} e^{-(p_x^2/2\hbar m\omega)}$$

4° 運動量のゆらぎ $\Delta p = [\langle p_x^2 \rangle - \langle p_x \rangle^2]^{1/2}$ を計算し

$$\Delta x \cdot \Delta p_x = \frac{1}{2}\hbar$$

であることを示せ.

ヒント：次の積分公式を利用せよ.

$$\int_{-\infty}^{\infty} e^{-\alpha x^2} \cos \beta x \, dx = \left[\frac{\pi}{\alpha}\right]^{1/2} e^{-(\beta^2/4\alpha)}, \quad \alpha > 0$$

問題略解

1-2 節

1. 完全気体の状態方程式に $V=30$ m$l=3\times10^{-5}$ m^3, $P=10^{-8}$ Torr $\cong 1.3\times10^{-6}$ N·m^{-2}, $k_B\cong 1.4\times10^{-23}$ J·K^{-1}, $T=3\times10^2$ K を代入して

$$N = \frac{PV}{k_B T} \cong \frac{1.3\times10^{-6}\times 3\times10^{-5}}{1.4\times10^{-23}\times 3\times10^2} \cong 9.3\times 10^9$$

$$\left(\frac{V}{N}\right)^{1/3} = \left(\frac{3\times10^{-5}}{9.3\times10^9}\right)^{1/3} \cong 1.5\times10^{-5} \text{ m}$$

これは気体中の粒子の平均間隔が 10^5 Å 程度であることを示す.

2.
$$\frac{1}{2}m_e\langle v^2\rangle = \frac{3}{2}k_B T$$

$T=300$ K で

$$\frac{3}{2}k_B T \cong \frac{3}{2}\times 1.4\times10^{-23} \text{ J·K}^{-1}\times 3\times10^2 \text{ K} = 6.3\times10^{-21} \text{ J}$$

$$\langle v^2\rangle^{1/2} \cong \left[\frac{2\times 6.3\times10^{-21} \text{ J}}{10^{-30} \text{ kg}}\right]^{1/2} \cong 1.1\times10^5 \text{ m·s}^{-1}$$

1-3 節

1. $R=8.31$ J·K^{-1}, $k_B=1.38\times10^{-23}$ J·K^{-1} として

$$N_A = \frac{R}{k_B} = \frac{8.31}{1.38}\times10^{23} \cong 6.02\times10^{23}$$

2. $N_A=6.02\times10^{23}$, $e=1.60\times10^{-19}$ C だから $N_A e=6.02\times 1.60\times 10^4$ C $=9.63\times10^4$ C.

1-4 節

1. 1amu の 12 倍が 1 個の ^{12}C 原子の質量に等しく, これにアボガドロ数 N_A を掛け

たものが12グラムに等しいのだから

$$1\,\mathrm{amu} = \frac{12\times 10^{-3}\,\mathrm{kg}}{12 N_\mathrm{A}} \cong 1.66\times 10^{-27}\,\mathrm{kg}$$

2. $r=10^{-10}$ m として

$$\frac{e^2}{4\pi\varepsilon_0 r^2} \cong \frac{(1.60\times 10^{-19})^2\,\mathrm{N}}{4\times 3.14\times 8.85\times 10^{-12}\times 10^{-20}} \cong 2.3\times 10^{-8}\,\mathrm{N}$$

$$\frac{G m_\mathrm{e} m_\mathrm{p}}{r^2} \cong \frac{6.67\times 10^{-11}\times 9.1\times 10^{-31}\times 1.67\times 10^{-27}}{10^{-20}}\,\mathrm{N} \cong 1.0\times 10^{-47}\,\mathrm{N}$$

1-5 節

1. 光の粒子は境界面に垂直な方向にのみ力を受け，したがって境界面に平行な運動量成分は空気から水に入射するとき不変であるとすると，$v_1\sin\theta_1 = v_2\sin\theta_2$ が成立する．$v_1/v_2 = \sin\theta_2/\sin\theta_1$ となり，観測事実 $\theta_1 > \theta_2$ を説明するためには，$v_1 < v_2$ と仮定することが必要．

1-6 節

1. $r = [x^2+y^2+z^2]^{1/2}$ であるから，$\partial r/\partial x = x/r$ に注意して

$$\frac{\partial \phi}{\partial x} = -\frac{kx}{r^2} a\sin(kr-ckt) - \frac{x}{r^3} a\cos(kr-ckt)$$

$$\frac{\partial^2 \phi}{\partial x^2} = -\frac{k^2 x^2}{r^3} a\cos(kr-ckt) - \frac{k}{r^2} a\sin(kr-ckt)$$
$$+ \frac{3kx^2}{r^4} a\sin(kr-ckt) - \left(\frac{1}{r^3} - \frac{3x^2}{r^5}\right) a\cos(kr-ckt)$$

$$\frac{\partial^2 \phi}{\partial x^2} + \frac{\partial^2 \phi}{\partial y^2} + \frac{\partial^2 \phi}{\partial z^2} = -\frac{k^2}{r} a\cos(kr-ckt)$$

$$\frac{1}{c^2}\frac{\partial^2 \phi}{\partial t^2} = -\frac{k^2}{r} a\cos(kr-ckt)$$

1-7 節

1. 速度 $\boldsymbol{v}$ の方向に x 軸をえらぶと，K′ 系から K 系への運動量，エネルギーのローレンツ変換は

$$p_x = \gamma\left(p_x' + \frac{v}{c^2} E'\right), \quad \frac{E}{c} = \gamma\left(\frac{E'}{c} + \frac{v}{c} p_x'\right), \quad \gamma = [1-(v/c)^2]^{-1/2}$$

粒子は K′ 系にたいし静止しているのだから，$p_x' = 0$, $E' = mc^2$ とおき，$p_x = \gamma mv$, $E = \gamma mc^2$ が得られる．座標軸の方向が一般の場合は

$$\boldsymbol{p} = \gamma m\boldsymbol{v}, \quad E = \gamma mc^2$$

第1式から v^2 を求めると

$$\frac{v^2}{c^2} = \frac{p^2}{p^2+m^2c^2}, \quad \gamma = \frac{1}{mc}\sqrt{p^2+m^2c^2}, \quad E = c\sqrt{p^2+m^2c^2}$$

$m \to 0$ とすると $v \to c$, $E \to cp$ である.

2-2 節

1.
$$v_A = \left[\frac{2 \times 1.6 \times 10^{-19}\mathrm{C} \times 9 \times 10^2\mathrm{V}}{9.1 \times 10^{-31}\mathrm{kg}}\right]^{1/2} \cong 1.7 \times 10^7 \mathrm{m \cdot s^{-1}}$$

$$\Delta y_E = \left(\frac{\Phi_P}{2\Phi_{AC}}\right)\left(\frac{L}{D}\right)\left(\frac{1}{2}L+L'\right) = 9.5 \times 10^{-3}\mathrm{m}$$

2-3 節

1. 運動方程式は
$$\ddot{x}=0, \quad \ddot{y}=-\omega_c\dot{z}, \quad \ddot{z}=\omega_c\dot{y}, \quad \omega_c=(eB/m_e)$$

$t=0$ で $\dot{x}=v\cos\theta$, $\dot{y}=v\sin\theta$, $x=y=z=0$ となる解は

$$x = vt\cos\theta, \quad y = \frac{v\sin\theta}{\omega_c}\sin\omega_c t, \quad z = \frac{v\sin\theta}{\omega_c}(1-\cos\omega_c t)$$

したがって
$$y^2 + \left(z - \frac{v\sin\theta}{\omega_c}\right)^2 = \frac{v^2\sin^2\theta}{\omega_c^2}$$

これは $y=0$, $z=(v\sin\theta/\omega_c)$ を中心とする半径 $(v\sin\theta/\omega_c)$ の円をあらわしている. $t=0$ の次に $y=0$, $z=0$ となる最小時間は $t=(2\pi/\omega_c)$ であり, そのとき $x=(2\pi v\cos\theta/\omega_c)$.

2-4 節

1. 同位体分離は電場では不可能, 磁場なら可能.

2-5 節

1. $k = 6\pi\eta r \cong 3.7 \times 10^{-10}\mathrm{N \cdot m^{-1} \cdot s}$, $m^* = (4\pi/3)r^3(\rho-\rho_0) \cong 3.3 \times 10^{-15}\mathrm{kg}$, $v_0 = m^*g/k \cong 8.7 \times 10^{-5}\mathrm{m \cdot s^{-1}}$, $E \geqq m^*g/e \cong 2.0 \times 10^5 \mathrm{V \cdot m^{-1}}$.

2-6 節

1. $\lambda_\infty = \frac{5}{9} \times 6562.8\,\text{Å} = 3646\,\text{Å}$.

2-7 節

1. $\tau = \dfrac{9.1 \times 10^{-31}}{(1.6 \times 10^{-19})^2(10^{15})^2} \times \dfrac{9}{2} \times 10^{15}\,\mathrm{s} \cong 1.6 \times 10^{-7}\,\mathrm{s}$.

2. $g(\omega) = \dfrac{2}{\pi}\int_0^\infty e^{-t/\tau}\cos\omega_0 t\cos\omega t\, dt = \dfrac{1}{2\pi}\int_0^\infty e^{-t/\tau}(e^{i\omega_0 t}+e^{-i\omega_0 t})(e^{i\omega t}+e^{-i\omega t})dt$

$= \dfrac{1}{2\pi}\left[\dfrac{1}{1/\tau+i(\omega+\omega_0)} + \dfrac{1}{1/\tau-i(\omega+\omega_0)} + \dfrac{1}{1/\tau+i(\omega-\omega_0)} + \dfrac{1}{1/\tau-i(\omega-\omega_0)}\right]$

$$= \frac{1}{\pi}\left[\frac{1/\tau}{(\omega-\omega_0)^2+1/\tau^2}+\frac{1/\tau}{(\omega+\omega_0)^2+1/\tau^2}\right].$$

2-8節

1.
$$\begin{cases}x^{(+)}=a\cos(\omega_0 t+\alpha)\\y^{(+)}=a\sin(\omega_0 t+\alpha)\end{cases}, \quad \begin{cases}x^{(-)}=a\cos(\omega_0 t+\alpha)\\y^{(-)}=-a\sin(\omega_0 t+\alpha)\end{cases}$$

とおくと

$$\begin{cases}\dfrac{1}{2}(x^{(+)}+x^{(-)})=a\cos(\omega_0 t+\alpha)\\\dfrac{1}{2}(y^{(+)}+y^{(-)})=0\end{cases} \quad \begin{cases}\dfrac{1}{2}(x^{(+)}-x^{(-)})=0\\\dfrac{1}{2}(y^{(+)}-y^{(-)})=a\sin(\omega_0 t+\alpha)\end{cases}$$

2. $\omega_\mathrm{L}=\dfrac{1.6\times 10^{-19}\times 3\times 10^{-1}}{2\times 9.1\times 10^{-31}}\mathrm{s}^{-1}\cong 2.6\times 10^{10}\,\mathrm{Hz}.$

3-2節

1. $m^*=\dfrac{4\pi}{3}\times 2\times 10^2\times(2.2)^3\times 10^{-21}\,\mathrm{kg}\cong 8.9\times 10^{-18}\,\mathrm{kg}$

$k_\mathrm{B}=\dfrac{8.9\times 10^{-18}\times 9.8\times 6\times 10^{-5}}{3\times 10^2\times \log 3.5}\mathrm{J\cdot K^{-1}}\cong 1.4\times 10^{-23}\mathrm{J\cdot K^{-1}}$

3-3節

1. 粒子の運動量を p_x とすると $E=p_x^2/2m$ だから
$$p_x=\pm(2mE)^{1/2}$$
これは xp_x 平面上で x 軸に平行な2本の直線をあらわし，これと p_x 軸に平行な2本の直線 $x=0$, $x=L$ でかこまれる面積は $2(2mE)^{1/2}L$.

2. 楕円の面積は長軸，短軸の長さの積の π 倍で
$$\pi(2mE)^{1/2}\left(\frac{2E}{m\omega^2}\right)^{1/2}=\frac{2\pi E}{\omega}$$

3-5節

1. 電子，中性子，水素分子，酸素分子にたいして，$v=(2k_\mathrm{B}T/m)^{1/2}$ はそれぞれ $9.5\times 10^4\,\mathrm{m\cdot s^{-1}}$, $2.2\times 10^3\,\mathrm{m\cdot s^{-1}}$, $1.6\times 10^3\,\mathrm{m\cdot s^{-1}}$, $4.0\times 10^2\,\mathrm{m\cdot s^{-1}}$.

3-6節

1. 希薄気体が圧力 $P=$ 一定 で熱量 Q を吸収し，温度が dT, 体積が dV だけ増加したとする．気体は外部にマクロな仕事 PdV をするから，エネルギー保存則は
$$Q=dE+PdV=\frac{3}{2}Nk_\mathrm{B}dT+PdV$$
圧力一定のときの気体の比熱を C_p と書くと

$$C_p = \frac{Q}{dT} = \frac{3}{2}Nk_B + P\left(\frac{\partial V}{\partial T}\right)_P$$
$$= \frac{3}{2}Nk_B + P\frac{Nk_B}{P} = \frac{5}{2}Nk_B$$

3-7節

1. $\sqrt{\langle x^2 \rangle} = \sqrt{\dfrac{k_B T}{m\omega^2}} \cong 4\times 10^{-11}\,\mathrm{m} = 0.4\,\mathrm{\AA}$

4-2節

1.
$$W_\lambda^{(1)} = J_\lambda + (1-A_\lambda)^2 J_\lambda + (1-A_\lambda)^4 J_\lambda + \cdots$$
$$= \frac{J_\lambda}{1-(1-A_\lambda)^2} = \frac{J_\lambda}{A_\lambda(2-A_\lambda)}$$
$$W_\lambda^{(2)} = (1-A_\lambda)J_\lambda + (1-A_\lambda)^3 J_\lambda + \cdots$$
$$= \frac{(1-A_\lambda)J_\lambda}{A_\lambda(2-A_\lambda)}$$
$$W_\lambda = W_\lambda^{(1)} + W_\lambda^{(2)} = \frac{J_\lambda}{A_\lambda}$$

同じ温度における黒体のエミッタンスを J_b とすると，キルヒホッフの法則により，$J_\lambda/A_\lambda = J_b$.

4-3節

1. $a\{\sin(kx-\omega t) - \sin(kx+\omega t)\} = -2a\cos kx \sin\omega t$ は $x=0$ で 0 とならない．

2. $\phi(x) = \cos kx$, $\sin kx$ がともに固有関数である．ただし $k = 2\pi n/L$ ($n=0,1,2,\cdots$) であって，$\sin kx$ の場合には $n=0$ を除く．固定端のときの $k=\pi n/L$ にくらべて，k は半分の密度で分布しているから，k がある区間に属している固有関数の総数はどちらの境界条件で考えても同じ．

4-4節

1.
$$\int_0^L \sin\frac{m\pi}{L}x \sin\frac{n\pi}{L}x\,dx = \frac{1}{2}\int_0^L\left[\cos\frac{(m-n)\pi}{L}x - \cos\frac{(m+n)\pi}{L}x\right]dx$$
$$= \frac{L}{2\pi(m-n)}\sin(m-n)\pi = 0 \quad (m\ne n)$$
$$\int_0^L \sin^2\frac{n\pi}{L}x\,dx = \frac{1}{2}\int_0^L\left[1-\cos\frac{2n\pi}{L}x\right]dx = \frac{1}{2}L$$

4-5節

1. $\nabla\cdot\boldsymbol{A} = -\sum_k \sum_\sigma [\varepsilon_0 V]^{-1/2}(\boldsymbol{k}\cdot\boldsymbol{e}_{k\sigma})a_{k\sigma}\sin\Gamma_{k\sigma} = 0$

$$\nabla \times \boldsymbol{A} = -\sum_k \sum_\sigma [\varepsilon_0 V]^{-1/2} (\boldsymbol{k} \times \boldsymbol{e}_{k\sigma}) a_{k\sigma} \sin \Gamma_{k\sigma}$$

$$\frac{\partial \boldsymbol{A}}{\partial t} = \sum_k \sum_\sigma [\varepsilon_0 V]^{-1/2} c k \boldsymbol{e}_{k\sigma} a_{k\sigma} \sin \Gamma_{k\sigma}$$

4-6節

1. $A_{k\sigma} = \frac{1}{2} a_{k\sigma} e^{i(\alpha_{k\sigma} - ckt)}, \quad A_{k\sigma}^* = \frac{1}{2} a_{k\sigma} e^{-i(\alpha_{k\sigma} - ckt)}.$

2. $\int_0^L dx \int_0^L dy \int_0^L dz \frac{1}{2} \varepsilon_0 (\boldsymbol{E}^2 + c^2 \boldsymbol{B}^2) = \frac{1}{2} \sum_k \sum_\sigma [c^2 (A_{k\sigma} A_{-k\sigma'} + A_{k\sigma}^* A_{-k\sigma'}^*)(k^2 \boldsymbol{e}_{k\sigma} \cdot \boldsymbol{e}_{-k\sigma'} - (\boldsymbol{k} \times \boldsymbol{e}_{k\sigma})(\boldsymbol{k} \times \boldsymbol{e}_{-k\sigma'})) + 2c^2 A_{k\sigma}^* A_{k\sigma} (k^2 \boldsymbol{e}_{k\sigma} \cdot \boldsymbol{e}_{k\sigma'} + (\boldsymbol{k} \times \boldsymbol{e}_{k\sigma})(\boldsymbol{k} \times \boldsymbol{e}_{k\sigma'}))].$ $(\boldsymbol{k} \times \boldsymbol{e}_{k\sigma}) \cdot (\boldsymbol{k} \cdot \boldsymbol{e}_{-k\sigma'}) = k^2 \boldsymbol{e}_{k\sigma} \cdot \boldsymbol{e}_{-k\sigma'} + (\boldsymbol{k} \cdot \boldsymbol{e}_{k\sigma})(-\boldsymbol{k} \cdot \boldsymbol{e}_{-k\sigma'}) = k^2 \boldsymbol{e}_{k\sigma} \cdot \boldsymbol{e}_{-k\sigma'}.$ $(\boldsymbol{k} \times \boldsymbol{e}_{k\sigma}) \cdot (\boldsymbol{k} \times \boldsymbol{e}_{k\sigma'}) = k^2 \boldsymbol{e}_{k\sigma} \cdot \boldsymbol{e}_{k\sigma'} = k^2 \delta_{\sigma\sigma'}.$

4-7節

1. $J_{\mathrm{B}} = \frac{2\pi}{c^2} \int_0^\infty \frac{h\nu^3}{e^{h\nu/k_{\mathrm{B}}T} - 1} d\nu = \frac{2\pi}{c^2 h^3} (k_{\mathrm{B}}T)^4 \int_0^\infty \frac{x^3}{e^x - 1} dx = \frac{2\pi^5}{15} \frac{k_{\mathrm{B}}^4}{c^2 h^3} T^4.$

2. $J_{\mathrm{B}} \cong 5.3 \times 10^7 \mathrm{J \cdot m^{-2} \cdot s^{-1}}$. 太陽の全放射エネルギーはこれに太陽の表面積 $\cong 6.2 \times 10^{18} \mathrm{m}^2$ を掛けて $3.3 \times 10^{26} \mathrm{J \cdot s^{-1}}$. これを $4\pi \times (1.5 \times 10^{11} \mathrm{m})^2$ で割って, 求める放射エネルギーは $1.2 \times 10^3 \mathrm{J \cdot m^{-2} \cdot s^{-1}}$.

3. $I_\lambda = (2\pi c h) \lambda^{-5} (e^{hc/k_{\mathrm{B}}T\lambda} - 1)^{-1}$

を λ で微分して 0 とおくと

$$e^{-x} + \frac{1}{5}x = 1, \quad x = \frac{hc}{k_{\mathrm{B}}T\lambda}$$

これの根は $x = 4.965$ で, ウイーンの変位則は

$$\lambda_{\mathrm{m}} T = \frac{hc}{4.965 k_{\mathrm{B}}} \cong 2.9 \times 10^{-3} \mathrm{m \cdot K}$$

4-8節

1. 1原子あたりの振動エネルギーは

$$\frac{E}{N} = \frac{h\nu}{e^{h\nu/k_{\mathrm{B}}T} - 1} \cong h\nu e^{-h\nu/k_{\mathrm{B}}T}$$

比熱は

$$\frac{1}{N} C_v \cong k_{\mathrm{B}} \left(\frac{h\nu}{k_{\mathrm{B}}T} \right)^2 e^{-h\nu/k_{\mathrm{B}}T}$$

となり, $T \to 0$ で指数関数的に 0 となる. 上の近似は $T \ll \theta_{\mathrm{E}} = h\nu/k_{\mathrm{B}}$ で成立する. $\nu = 10^{13} \mathrm{s}^{-1}$ として $\theta_{\mathrm{E}} = 4.8 \times 10^2 \mathrm{K}$ である.

2. 仕事関数 W を eV であらわし, 限界波長 λ_{m} を Å であらわすと

問 題 略 解

$$\lambda_m = (hc/W) = (1.24\times 10^3/W)$$

Na, Au, Pt にたいしそれぞれ 5.4×10^2 Å, 2.5×10^2 Å, 2.3×10^2 Å.

5-2 節

1. α 粒子の入射エネルギー E と標的核からのクーロン反発力のポテンシャルが等しくなる距離 r は

$$r = \frac{Ze^2}{2\pi\varepsilon_0 E}, \quad \frac{e^2}{2\pi\varepsilon_0} \cong 2.88\times 10 \text{ eV}\cdot\text{Å}$$

$E=7.5\times 10^6$ eV とすると, $Z=79$ のとき $r=3.0\times 10^{-4}$ Å, $Z=13$ のとき $r=5.0\times 10^{-5}$ Å である.

5-3 節

1. $\dfrac{db}{d\theta} = -\dfrac{1}{4}\dfrac{1}{\sin^2(\theta/2)}, \quad \dfrac{d\sigma}{d\Omega} = \dfrac{b}{2\sin(\theta/2)\cos(\theta/2)}\left|\dfrac{db}{d\theta}\right| = \dfrac{r_0^2}{16}\dfrac{1}{\sin^4(\theta/2)}.$

2. 微分断面積は, $Z=79$, $E_0=7.5$ MeV$=1.202\times 10^{-12}$ J, $\sin 30°=1/2$ を代入して

$$\frac{d\sigma}{d\Omega} = \left(\frac{Ze^2}{8\pi\varepsilon_0 E_0 \sin^2 30°}\right)^2 = 9.19\times 10^{-28}\text{m}^2$$

金の原子密度 $n=5.90\times 10^{28}$m^{-3}, $I_0=10^6$s^{-1}, $D=10^{-6}$m, $\Delta\Omega=0.132$ を代入して, カウント数は

$$I_0 Dn\left(\frac{d\sigma}{d\Omega}\right)\Delta\Omega = 7.2\times 10^4 \text{s}^{-1}$$

5-4 節

1.
$$m_e\frac{d^2\boldsymbol{r}_e}{dt^2} = -\frac{e^2\boldsymbol{r}}{4\pi\varepsilon_0 r^3}, \quad m_p\frac{d^2\boldsymbol{r}_p}{dt^2} = \frac{e^2\boldsymbol{r}}{4\pi\varepsilon_0 r^3}$$

$$(m_e+m_p)\frac{d^2\boldsymbol{r}_c}{dt^2} = 0, \quad \frac{d^2\boldsymbol{r}}{dt^2} = -\left(\frac{1}{m_e}+\frac{1}{m_p}\right)\frac{e^2\boldsymbol{r}}{4\pi\varepsilon_0 r^3}$$

陽子が静止しているとしたときの表式の電子質量を

$$\mu = \frac{m_e m_p}{m_e+m_p} = \frac{m_e}{1+m_e/m_p}$$

であたえられる換算質量でおきかえればよい.

2. リュードベリ定数は μ に比例する. 重陽子の質量を m_d として, 重水素と水素の μ の値の比は

$$\frac{1+(m_e/m_p)}{1+(m_e/m_d)} \cong 1+\left(\frac{m_e}{m_p}-\frac{m_e}{m_d}\right)$$

5-5節

1. 25 eV ≅ $4×10^{-18}$ J. これをボルツマン定数で割った温度は $2.9×10^5$ K.

2. 電荷 Ze の核のまわりを1個の電子が運動しているときのリュードベリ定数は水素原子のときの Z^2 倍であり，Li^{++} は $Z=3$ の場合である．

3. 基底状態と $n=3$ の状態のエネルギー差は

$$13.6 \text{ eV} \times \left(\frac{1}{1^2} - \frac{1}{3^2}\right) = 12.1 \text{ eV}$$

5-6節

1. 基底状態と第1励起状態のエネルギー差は 10.2 eV，第2励起状態とのエネルギー差は 12.1 eV であるから，9.5 eV の電子では水素原子を励起できない．12 eV なら第1励起準位に励起されて 10.2 eV のエネルギーの光子，波長 1216 Å の光を放出する．

2. 入射電子が2回，3回非弾性散乱を受けるから．

6-2節

1. エネルギー $E=10^4$ eV の光子の波長は

$$\lambda = \frac{hc}{E} \cong 1.2 \text{ Å}$$

2. 同種原子の網平面の間隔は 5.64 Å であって，X線の波長は $2×5.64\text{Å}×0.259 = 2.92$ Å.

6-3節

1. $\Phi = |\Phi|e^{i\alpha}$ と書くと

$$\frac{1}{T}\int_0^T E_s^2 dt = |\Phi|^2 \frac{1}{T}\int_0^T \cos^2(\omega t + \alpha)dt$$
$$= \frac{1}{2}|\Phi|^2$$

6-4節

1. 電子のコンプトン波長 $\lambda_e = 0.0242$ Å だけ波長がずれる．炭素原子が反跳を受けもつとすれば，波長変化は λ_e に電子と炭素原子の質量比 ($\cong 4.57×10^{-5}$) を掛けたもの．

6-5節

1. $\lambda \cong 1.8$ Å.

6-6節

1. 境界面上の点Pを固定すると，位相差はPをAとBをふくむ平面上でAとP，PとBをそれぞれ直線で結んだときに極小である．P, A, Bの位置をそれぞれ $(x, 0)$, $(0,$

問 題 略 解   207

a), (l, b) とすると,位相差は
$$\kappa_1\overline{\mathrm{AP}}+\kappa_2\overline{\mathrm{BP}} = \kappa_1[x^2+a^2]^{1/2}+\kappa_2[(l-x)^2+b^2]^{1/2}$$
に比例する.これを x について極小にすればよい.

6-7節

1. $i\hbar\dfrac{\partial \Psi}{\partial t}=\hbar\omega\Psi,\quad -i\hbar\dfrac{\partial \Psi}{\partial x}=\hbar k_x\Psi,$

7-2節

1. 粉末結晶中の微結晶の方向を入射電子線の方向から測った傾き θ とそのまわりの回転角 ϕ であらわす.$2D\sin\theta=n\lambda$ を満足する微結晶は,ϕ の値によらず,電子線を 2θ の方向に散乱する.

7-3節

1. 散乱電子線の強度変化は散乱角が λ/D の程度変化したとき,したがって標的と計数管をむすぶ直線に垂直に距離 $L(\lambda/D)$ 動いたときにみとめられる.

7-4節

1. 半径 r と $r+dr$ の間にはさまれる球殻の体積 $4\pi r^2 dr$ を波動関数の2乗に掛ければ
$$P(r)dr = Ce^{-2r/a}4\pi r^2 dr$$
C は全確率が1に等しくなるように決める.
$$1 = C\int_0^\infty e^{-2r/a}4\pi r^2 dr = \pi a^3 C$$
したがって $P(r)=\dfrac{4r^2}{a^3}e^{-2r/a}$.これは $r=a$ で極大になる.

7-5節

1. $$\langle p_x^2\rangle = -\hbar^2\int_{-\infty}^\infty \Psi^*\frac{\partial^2\Psi}{\partial x^2}dx = \hbar^2\int_{-\infty}^\infty \frac{\partial\Psi^*}{\partial x}\frac{\partial\Psi}{\partial x}dx$$
ただし,部分積分を行ない,$x\to\pm\infty$ で Ψ は十分はやく0になるとした.$x\neq 0$ で $\delta(x)=0$ だから
$$\int_{-\infty}^\infty \delta(x)f(x)dx = f(0)\int_{-\infty}^\infty \delta(x)dx = f(0)$$

7-6節

1. 境界条件は $\psi(\pm a)=0$ となる.固有関数は
$$\psi_n(x)=\begin{cases}\cos(n\pi x/L) & (n=1,3,5,\cdots)\\ \sin(n\pi x/L) & (n=2,4,6,\cdots)\end{cases}$$

ただし $L=2a$. エネルギー固有値は

$$E_n = \frac{\pi^2\hbar^2}{2mL^2}n^2$$

2. $\xi=(2ma^2E/\hbar^2)^{1/2}$, $\xi_0=(2ma^2U_0/\hbar^2)^{1/2}$ とおくと，奇関数の束縛状態の境界条件は

$$\tan\xi = -\frac{\xi}{(\xi_0^2-\xi^2)^{1/2}}$$

$\xi>0$ で右辺は負で，$\xi=\xi_0$ で $-\infty$ となる．左辺と等しくなりうるのは $\pi/2<\xi<\xi_0$ であり，$\xi_0<\pi/2$ ならこの根は存在しない．つまり

$$U_0 < \frac{\hbar^2}{2ma^2}\left(\frac{\pi}{2}\right)^2$$

なら束縛状態は偶関数のもの1つに限られる．この式の右辺は $U_0\to\infty$ のときの基底状態における零点運動エネルギーである．

7-7節

1. 積分公式 $(\lambda>0)$

$$\int_{-\infty}^{\infty}e^{-\lambda\xi^2}e^{i\mu\xi}d\xi = \left(\frac{\pi}{\lambda}\right)^{1/2}e^{-\mu^2/\lambda}$$

を利用する．両辺を μ で2回微分し $\mu=0$ とおくと

$$\int_{-\infty}^{\infty}e^{-\lambda\xi^2}\xi^2 d\xi = \left(\frac{\pi}{\lambda}\right)^{1/2}\frac{1}{2\lambda}$$

たとえば

$$\int_{-\infty}^{\infty}\varphi_0^2 dx = \left(\frac{m\omega}{\pi\hbar}\right)^{1/2}\int_{-\infty}^{\infty}e^{-(m\omega/\hbar)x^2}dx = 1$$

$$\int_{-\infty}^{\infty}x^2\varphi_0 dx = \left(\frac{m\omega}{\pi\hbar}\right)^{1/2}\int_{-\infty}^{\infty}e^{-(m\omega/\hbar)x^2}dx = \frac{\hbar}{2m\omega}$$

索引

(立体の数字は5巻『量子力学I』の, 斜体の
数字は6巻『量子力学II』のページ数を示す)

ア　行

アイソ・スピン　*416*
アインシュタイン　182
　——の光量子論　*401*
　——の式　153
アインシュタイン-ド・ブローイの式　157
アインシュタイン・モデル　80
アクセプター　*394*
アボガドロ数　10, 14
α 線　13
α 線散乱　112
アンサンブル　217
イオン　10
イオン化エネルギー　128, *352*
イオン結合　10
異常ゼーマン効果　54
位相因子　223
位置をあらわす演算子　218
1粒子近似　*346*
井戸型ポテンシャル　189
陰極線　11
ウィーンの変位則　106
ウィーンの放射式　104
運動量をあらわす演算子　218
運動量空間　71
運動量表示　184, 186, 232
永年方程式　238
S 行列　*328, 329*
X線散乱　141, 143
n型半導体　*394*
エネルギー・ギャップ　*314*
エネルギー準位　107, 189, 193, 195
エネルギーの量子化　106
エネルギー・バンド　*386*
エミッタンス　85
MO法　*378*
LCAO法　*379*
エルミット演算子　235
エルミット共役演算子　236
エルミット性　234
演算子　99, 186, 218, 237
　——と定数の積　219
　——の固有値　222
　——の和と積　219
遠心力ポテンシャル　288
黄金則　*321, 323*

オルソ水素　372

カ行

回折　22
回転量子数　370
解離エネルギー　370
可換　220
　　——な演算子　237
核　2
角運動量演算子　272
　　——の交換関係　272
　　——の固有値　274
　　——の表示行列　278
角運動量の合成　359
核子　416
核磁気共鳴　301
確率振幅　171, 176, 217, 240
確率密度関数　68
核力　14
重ねあわせの原理　16, 217
偏り　22
価電子　353
干渉　21
完全性　230
規格化　223
規格化条件　68, 180
規格化直交性　95
基準系　228
規準振動　85
気体定数　12
気体の圧力　4, 76
気体の比熱　76
基底状態　127
軌道角運動量　274
逆演算子　264
キャリヤー　393
球関数　282
吸収スペクトル　129
球面波　19

境界条件　90
共有結合　10
行列の積と和　245
行列の対角化　248
行列表示　244
行列要素　234
行列力学　141
許容遷移　137, 410
キルヒホッフの法則　85
禁止遷移　137, 410
金属　393
金属結合　10
空孔　393
空洞　84
　　——の比熱　101
空洞放射　86, 101
クォーク　15
くり込み理論　302
グリーン関数　328, 331
クロネッカー・デルタ　95
クーロン積分　363, 384
群速度　391
結合状態　381
結晶　386
ケット・ベクトル　248
原子　2, 7
原子価　10
原子核　2, 112
原子核反応　14
原子軌道関数　344
原子質量単位　14
原子番号　12, 134
原子量　9
弦の固有振動　89
弦の比熱　95
交換エネルギー　362
交換関係　221
交換子　220
交換積分　363, 384

索引

光子(光量子) 108, *399*
　　——の生成・消滅演算子 *401*
　　——の占拠数 *400*
　　——の放出と吸収 *407*
光速度 17
光電効果 18, 108
光波 3
黒体 87
固体電子のエネルギー・バンド *386*
固体の比熱 79, 108
固有関数 93, 187, *222*
固有状態 *222*
固有振動 85, 89
　　——の重ねあわせ 93
固有値 93, 187, *222*
固有値問題 89, 92
コンプトン散乱 152, *417*
コンプトン波長 155, 156

サ 行

サイクロトロン運動 36
サイクロトロン半径 37
座標表示 186
作用素 99
3重水素核 14
散乱 16
散乱確率 *324*
散乱断面積 117, *326*
散乱波 24
散乱問題 *321*
時間推進演算子 *263*
磁気双極子遷移 *410*
磁気モーメント 125
磁気量子数 *287*
仕事関数 109
自然幅 49, *411*
自然放出 128, *408*
質量数 12
質量分析 40

周期的境界条件 91
周期表 12, *349*
終状態 *322*
重心運動 *338*
重陽子(重水素原子) 14
縮退 *237, 310*
シュテルン-ゲルラッハの実験 *296*
寿命 *127*
主量子数 *287*
シュレーディンガー表示 *258*
シュレーディンガー方程式 141, *240*
　　——の一般解 *241*
　　時間をふくまない—— 165, 189
　　時間をふくむ—— 166, 188
状態 *216*
状態ベクトル *242*
衝突パラメタ 118
消滅演算子 *402, 415, 418*
シールド効果 *345*
真空 3, 4, *403, 420*
真空放電 11
シンクロトロン放射 45
振動量子数 *370*
振幅演算子 *253*
水素原子のエネルギー準位 195
水素類似原子 *287*
スカラー積 *226*
ステファンの法則 106
スピン *295*
スピン1重項(3重項) *361*
スピン角運動量 *274*
スピン-軌道相互作用 *354*
スピン座標 *297*
スピン磁気モーメント *295*
スピン・ゼーマン効果 *300*
スピン量子数 *298*
スペクトル 46
スレーター行列式 *348*
静止エネルギー 26

索引

静止質量　26
正準運動方程式　64
正準形式　59
正準変数　63
正常ゼーマン効果　54, *292*
生成演算子　*402, 418*
制動放射　142
絶縁体　*393*
絶対温度　5
摂動論　*304, 310, 319*
ゼーマン効果　54
セルフ・コンシステント　*344*
遷移　114
遷移確率　137, *320*
遷移速度　*323*
線形演算子　*221*
占拠数　*392*
線スペクトル　46
選択則　137
相空間　63
束縛状態　129, 191
素電荷　11
　　——の測定　42
素粒子　15
素粒子論　158
ゾンマーフェルトの量子化条件　134

タ　行

多重散乱　148
多粒子系の波動関数　*336*
短距離力　117
断熱近似　*366*
断熱ポテンシャル　*367*
断面積　117
中間状態　*328*
中心力場中の粒子　*284*
中性子　13, *416*
超関数　*242*
長距離力　121

超微細相互作用　*357*
調和振動子　64, *219, 252*
　　——のエネルギー準位　193
直交条件　*225*
対消滅, 対生成　26
定常状態　114, 189, *240, 304, 310, 414*
定常波　91
D線　*357*
ディラックの記号　*248*
ディラックの相対論的電子論　*295*
デバイ温度　108
デバイ–シェラー環　175
デバイ・モデル　97
デルタ関数　187, *231*
展開係数　*231*
電荷保存則　*416*
電気4重極子遷移　*410*
電気双極子近似　*405*
電子　2
　　——と光子の相互作用ハミルトニアン　*404*
　　——の生成　*415*
　　磁場中の——　*291*
　　周期場中の——　*312*
電子回折　171
電子殻　*349*
電子衝撃　131
電子スピン共鳴　*299*
電子波　*422*
電子配置　*349*
電磁場のエネルギー　100, *398*
電磁場の熱振動　84
電磁場の量子化　*398*
電子場の量子化　*420*
電子ボルト　33
電磁力　14
伝播関数　*331*
同位体　12
特殊相対論　24

索　引

特性X線　142
独立粒子モデル　346
ドナー　393
ド・ブローイ　158
ド・ブローイ波　156
ド・ブローイ波長　159
トムソン散乱　153, *417*
トムソンのモデル　115
トンネル効果　374

ナ　行

内部光電効果　393
内部量子数　356
入射エネルギー　115
ニュートリノ　416
熱中性子　74
熱放射　84
　——のエネルギー密度　100

ハ　行

ハイゼンベルク　182
　——の運動方程式　266
ハイゼンベルク表示　258
π中間子　158
ハイトラー-ロンドン法　382
パウリ原理　346, *419*
パシェン系列　128
波束　21, 183
発光スペクトル　46, 128
波動関数　141, *216*
波動ベクトル　20
波動方程式　19
波動力学　140
ハートリー近似　344
場の量子化　195, *401*
場の理論　18
ハミルトニアン　63, 188, *220*
パラ水素　372
バルマー系列　128

反結合状態　381
反交換関係　418
半導体　393
非可換性　220
p型半導体　394
光の偏り　22
光の干渉　21
光の波動論　3, 16
光の放出・吸収　127
光の粒子論　15
微細構造定数　355
非弾性衝突　128
非調和振動子　307
非直交積分　375
比電荷　39
比熱　75, 76, 79, 95, 101, 108
微分断面積　119
表示　141, *240*
表示行列　245, *250*
標本空間　67
ヒルベルト空間　242
ファインマン・グラフ　332
フェルマーの原理　160
フェルミ準位　393
フェルミ粒子　348
フォノン　401
不確定性原理　180, 183, *237, 413*
不純物原子　393
物質波　140
　——の回折　157
物理量　217, 218
　——の測定値　222
　——の平均値　68, *234*
不凍物質　79
ブラウン運動　58
フラウンホーファ線　85
ブラッグ条件　146
ブラ・ベクトル　248
プランクの定数　105, *219*

索引

プランクの放射式　104
フランク-ヘルツの実験　131
ブロッホの定理　388
分光分析　47
分散　16
分子　9
　──の振動と回転　368
分子間相互作用　69
分子軌道関数　378
分子軌道法　378
分数電荷　15
閉殻　352
平均場近似　344
並進対称性　341
平面波　19
ベクトル・ポテンシャル　292, 403
β線　13
ペランの実験　62
変分原理　161, 315
ボーア　126
　──の振動数条件　125
　──の量子論　122
ボーア半径　113
ボーア・マグネトン　127, 292
方位量子数　287
崩壊　13
ボーズ粒子　348
ボルツマン因子　61
ボルツマン定数　6
ボルン-オッペンハイマー近似　367
ボルン近似　321, 324

マ, ヤ 行

マクスウェル分布　70
マクスウェル方程式　99
ミリカンの実験　42
無摂動ハミルトニアン　304
モーズレイの法則　133
モード　91

モーペルチュイの原理　162
モル(mole)　10
誘導放出　408
湯川ポテンシャル　327
ユニタリー演算子　265
ユニタリー変換　252
陽子　13, 372, 416
陽電子　26, 395

ラ 行

ライマン系列　128
ラザフォード　126
　──の散乱公式　119
ラザフォード散乱　116, 327
ラーマーの角振動数　54, 292
ラーマーの定理　54
ラマン散乱　417
ラム・シフト　358
離散固有値　223
離散スペクトル　46
粒子・波動の2重性　3
リュードベリ定数　123
量子化　106, 263
　──された電子場　421
　──された電磁場　398, 421
量子化条件　124
量子数　124
量子電磁力学　295
量子トンネル効果　375
量子力学的状態　171
励起(状態)　127
零点(振動)運動　192, 255
連続固有値　223
連続スペクトル　46
ローレンツの振動子モデル　47
ローレンツ分布　414
ローレンツ変換　25
ローレンツ力　24

中嶋貞雄

1923-2008年．静岡県生まれ．1945年東京大学理学部物理学科卒業．名古屋大学理学部教授，東京大学物性研究所教授・同所長，東海大学理学部教授を歴任．理学博士．専攻は物性理論．
著書に『量子の世界』(東京大学出版会)，『超伝導入門』(培風館)，『現代物理学の基礎 物性II』(共著，岩波書店)，『例解 量子力学演習』(岩波書店)，『超伝導』(岩波新書)など．

物理入門コース 新装版
量子力学I——原子と量子

1983年4月20日	初版第1刷発行
2015年10月5日	初版第32刷発行
2017年12月5日	新装版第1刷発行
2022年6月6日	新装版第3刷発行

著 者　中嶋貞雄(なかじまさだお)

発行者　坂本政謙

発行所　株式会社 岩波書店
〒101-8002 東京都千代田区一ツ橋2-5-5
電話案内 03-5210-4000
https://www.iwanami.co.jp/

印刷・理想社　表紙・半七印刷　製本・牧製本

Ⓒ 中嶋彰子 2017
ISBN 978-4-00-029865-0　　Printed in Japan

戸田盛和・中嶋貞雄 編
物理入門コース［新装版］
A5 判並製

理工系の学生が物理の基礎を学ぶための理想的なシリーズ．第一線の物理学者が本質を徹底的にかみくだいて説明．詳しい解答つきの例題・問題によって，理解が深まり，計算力が身につく．長年支持されてきた内容はそのまま，薄く，軽く，持ち歩きやすい造本に．

力　学	戸田盛和	258 頁	2640 円
解析力学	小出昭一郎	192 頁	2530 円
電磁気学Ⅰ　電場と磁場	長岡洋介	230 頁	2640 円
電磁気学Ⅱ　変動する電磁場	長岡洋介	148 頁	1980 円
量子力学Ⅰ　原子と量子	中嶋貞雄	228 頁	2970 円
量子力学Ⅱ　基本法則と応用	中嶋貞雄	240 頁	2970 円
熱・統計力学	戸田盛和	234 頁	2750 円
弾性体と流体	恒藤敏彦	264 頁	3300 円
相対性理論	中野董夫	234 頁	3190 円
物理のための数学	和達三樹	288 頁	2860 円

戸田盛和・中嶋貞雄 編
物理入門コース／演習［新装版］
A5 判並製

例解　力学演習	戸田盛和／渡辺慎介	202 頁	3080 円
例解　電磁気学演習	長岡洋介／丹慶勝市	236 頁	3080 円
例解　量子力学演習	中嶋貞雄／吉岡大二郎	222 頁	3520 円
例解　熱・統計力学演習	戸田盛和／市村純	222 頁	3520 円
例解　物理数学演習	和達三樹	196 頁	3520 円

岩波書店刊

定価は消費税 10％込です
2022 年 6 月現在

戸田盛和・広田良吾・和達三樹 編
理工系の数学入門コース
A5 判並製　　　　　　　　　　　［新装版］

学生・教員から長年支持されてきた教科書シリーズの新装版．理工系のどの分野に進む人にとっても必要な数学の基礎をていねいに解説．詳しい解答のついた例題・問題に取り組むことで，計算力・応用力が身につく．

微分積分	和達三樹	270 頁	2970 円
線形代数	戸田盛和 浅野功義	192 頁	2750 円
ベクトル解析	戸田盛和	252 頁	2860 円
常微分方程式	矢嶋信男	244 頁	2970 円
複素関数	表　実	180 頁	2750 円
フーリエ解析	大石進一	234 頁	2860 円
確率・統計	薩摩順吉	236 頁	2750 円
数値計算	川上一郎	218 頁	3080 円

戸田盛和・和達三樹 編
理工系の数学入門コース／演習［新装版］
A5 判並製

微分積分演習	和達三樹 十河　清	292 頁	3850 円
線形代数演習	浅野功義 大関清太	180 頁	3300 円
ベクトル解析演習	戸田盛和 渡辺慎介	194 頁	3080 円
微分方程式演習	和達三樹 矢嶋　徹	238 頁	3520 円
複素関数演習	表　実 迫田誠治	210 頁	3300 円

―――― 岩波書店刊 ――――
定価は消費税 10％込です
2022 年 6 月現在

ファインマン, レイトン, サンズ 著
ファインマン物理学 [全5冊]
B5判並製

物理学の素晴らしさを伝えることを目的になされたカリフォルニア工科大学1,2年生向けの物理学入門講義．読者に対する話しかけがあり，リズムと流れがある大変個性的な教科書である．物理学徒必読の名著．

I	力学	坪井忠二 訳	396頁	3740円
II	光・熱・波動	富山小太郎 訳	414頁	4180円
III	電磁気学	宮島龍興 訳	330頁	3740円
IV	電磁波と物性 [増補版]	戸田盛和 訳	380頁	4400円
V	量子力学	砂川重信 訳	510頁	4730円

ファインマン, レイトン, サンズ 著／河辺哲次 訳
ファインマン物理学問題集 [全2冊] B5判並製

名著『ファインマン物理学』に完全準拠する初の問題集．ファインマン自身が講義した当時の演習問題を再現し，ほとんどの問題に解答を付した．学習者のために，標準的な問題に限って日本語版独自の「ヒントと略解」を加えた．

1	主として『ファインマン物理学』のI，II巻に対応して，力学，光・熱・波動を扱う．	200頁	2970円
2	主として『ファインマン物理学』のIII～V巻に対応して，電磁気学，電磁波と物性，量子力学を扱う．	156頁	2530円

―――― 岩波書店刊 ――――
定価は消費税10％込です
2022年6月現在